应用型人才培养精品教材

Web 前端开发基础

潘婷婷 赵 吉 梅 娟◎主 编

傅 毅 管芳景 顾绮芳
聂 飞 邵 鑫 方 榕◎副主编

電子工業出版社

Publishing House of Electronics Industry

北京 · BEIJING

内 容 简 介

《Web 前端开发基础》是一本专为高职高专学生编写的书，旨在帮助学生掌握 Web 前端开发基础知识。本书内容包括 5 个项目，分别涵盖了 HTML 基础知识、HTML5 基础知识、CSS 基础知识、CSS3 基础知识，以及“榜样的力量”项目实战。

本书按照项目的方式组织内容，从基础知识到项目实战，逐步引导学生掌握 Web 前端开发的关键技能。每个项目都包含了大量的技能训练和案例分析，学生可以通过实际操作来巩固所学知识，并理解 Wbe 前端开发在实际项目中的应用。本书采用简洁明了的语言和示意图解释复杂的概念与技术，使学生能够轻松理解和掌握。

本书适合的阅读对象是高职高专学生，无论是初学者还是有一定基础的读者，都能从本书中获得实用的知识和技能。除了计算机专业的学生，对 Web 前端开发感兴趣的其他专业学生也可以通过本书系统地学习和掌握 Web 前端开发的基础知识。如果读者希望成为一名优秀的 Web 前端开发工程师，或者希望对相关领域有所了解、积累一些相关经验，那么本书都是一个理想的起点。

图书在版编目（CIP）数据

Web 前端开发基础 / 潘婷婷，赵吉，梅娟主编.
北京 ： 电子工业出版社，2025. 1. -- ISBN 978-7-121-48656-2

Ⅰ. TP393.092.2

中国国家版本馆 CIP 数据核字第 20242CN615 号

责任编辑：邱瑞瑾
印　　刷：天津嘉恒印务有限公司
装　　订：天津嘉恒印务有限公司
出版发行：电子工业出版社
　　　　　北京市海淀区万寿路 173 信箱　　邮编：100036
开　　本：787×1092　1/16　印张：12.25　字数：314 千字
版　　次：2025 年 1 月第 1 版
印　　次：2025 年 1 月第 1 次印刷
定　　价：42.00 元

凡所购买电子工业出版社图书有缺损问题，请向购买书店调换。若书店售缺，请与本社发行部联系，联系及邮购电话：（010）88254888，88258888。

质量投诉请发邮件至 zlts@phei.com.cn，盗版侵权举报请发邮件至 dbqq@phei.com.cn。

本书咨询联系方式：（010）88254173，qiurj@phei.com.cn。

前言

随着互联网的快速发展，Web 前端开发成为一个备受关注的热门领域，各类企业对 Web 前端开发工程师岗位的需求也日益增长。在党的二十大报告对职业教育提出“统筹职业教育、高等教育、继续教育协同创新，推进职普融通、产教融合、科教融汇，优化职业教育类型定位”新要求的背景下，本书紧密结合高等职业教育的特点，以项目案例为主线，循序渐进地融合讲解 Web 前端开发技术的各个知识点及其应用技巧，使学生加深对知识的领悟，提高独立思考与解决问题的能力。

本书内容包括 5 个项目，每个项目都经过精心设计，旨在帮助学生逐步掌握 Web 前端开发的核心技能。每个项目都包含了大量的技能训练和案例分析，以帮助学生巩固所学知识，并理解其在实际项目中的应用。

本书的内容与特色介绍如下。

一、系统性：本书的内容经过精心设计，按照逻辑顺序进行组织，从 HTML 基础知识到 HTML5 基础知识、CSS 基础知识，再到 CSS3 基础知识，涵盖了 Web 前端开发的核心技能。每个项目都有明确的学习目标和实践练习，帮助学生逐步掌握知识。

二、实践性：本书注重实践，每个项目都包含了大量的技能训练和案例分析，帮助学生巩固所学知识，并理解 Web 前端开发在实际项目中的应用。通过实际操作，学生能够更好地掌握 Web 前端开发的技能。

三、创新性：本书在内容的选择和呈现上力求创新，案例的选取贯穿社会主义核心价值观，通过对实际案例的讲解，不仅可以使学生掌握 Web 前端开发的技能，还可以激发其爱国主义精神，增强民族自尊心，提升民族自豪感。

本书是无锡城市职业技术学院重点教材。本书是由一支专业的团队通过合理分工完成编写的。特别感谢所有参与本书编写的人员和机构，尤其是来自中船重工奥蓝托无锡软件技术有限公司的方榕，感谢他们的辛勤付出和支持。没有他们的努力，本书将无法顺利完成。

由于编者水平有限，书中难免存在不足或疏漏之处，欢迎各位专家和读者朋友给予宝贵意见。如果在阅读过程中有任何问题或建议，请随时与我们联系。

编者

目录

项目 1　HTML 基础知识

知识目标

1. 了解 Web 技术的发展历程
2. 掌握 HTML 的基本语法
3. 掌握 HTML 常用标签的使用方法

技能目标

1. 能使用 HTML 文档标签构建网页基本结构
2. 能使用文本标签、图像、列表、表格、表单等创建静态网页
3. 能使用超链接完成页面跳转
4. 能使用<iframe>标签将别的页面嵌入子窗口页面

素养目标

1. 培养学生爱岗敬业的精神，树立清晰的职业目标价值观，正确认识自己的时代责任和历史使命
2. 培养学生坚定的理想信念，具有正确的人生观、价值观和世界观
3. 培养学生遵守行业基本道德规范和职业规范

1.1　初识 HTML

HTML 是一种用于制作网页的超文本标记语言。它由一系列标签组成，这些标签用来定义网页的结构和内容。HTML 标签可以包括文本、图像、链接、表格等元素，使网页能够呈现出丰富的内容、支持多种交互功能。HTML 是 Web 开发中最基础的技术之一，它与 CSS（层叠样式表）和 JavaScript 一起构成了 Web 开发的基础技术。通过学习 HTML，可以创建各种各样的网页，并且掌握更高级的 Web 开发技能。

【技能训练 1-1】下载 HBuilderX

【目标要求】通过训练，使学生能够熟悉网页制作的编辑环境，并能够自行完成 HBuilderX

的下载和安装。

【方法步骤】

（1）打开浏览器，在地址栏中输入百度官网地址。

（2）在百度页面的搜索框中输入“dcloud”，单击 DCloud 官网链接，如图 1-1 所示。

图 1-1 搜索 DCloud

（3）在 DCloud 官网首页中，单击“HBuilderX”按钮，进入下载页面，如图 1-2 所示。

图 1-2 DCloud 官网首页

（4）根据自己的计算机系统，选择合适的版本进行下载，如图 1-3 所示。

图 1-3　选择合适的版本进行下载

（5）打开下载后文件所在的文件夹（建议移动到存储软件的专属文件夹中），右击下载的压缩包文件，在弹出的快捷菜单中，选择“解压到当前文件夹”命令，进行解压缩，如图 1-4 所示。

图 1-4　选择“解压到当前文件夹”命令

（6）打开解压缩得到的 HBuilderX 文件夹，双击“HBuilderX”可执行程序，如图 1-5 所示，方可进入软件页面。

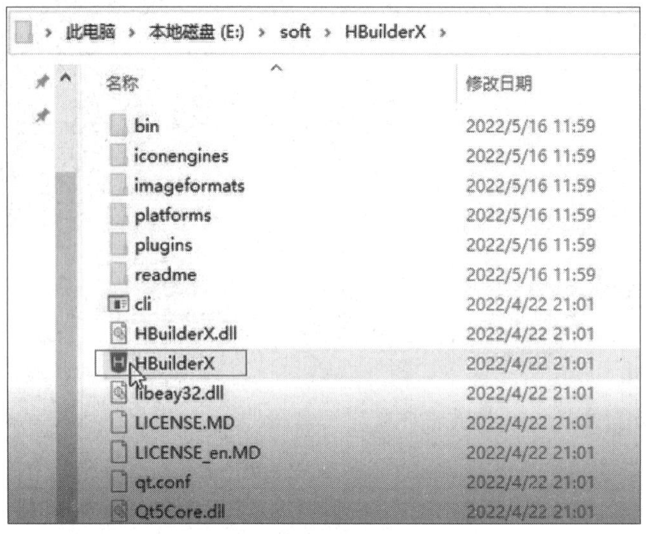

图 1-5　双击“HBuilderX”可执行程序

（7）首次打开软件，会提示用户选择主题，如图 1-6 所示。用户可根据个人喜好，先选择合适的主题，再单击“开始体验”按钮。

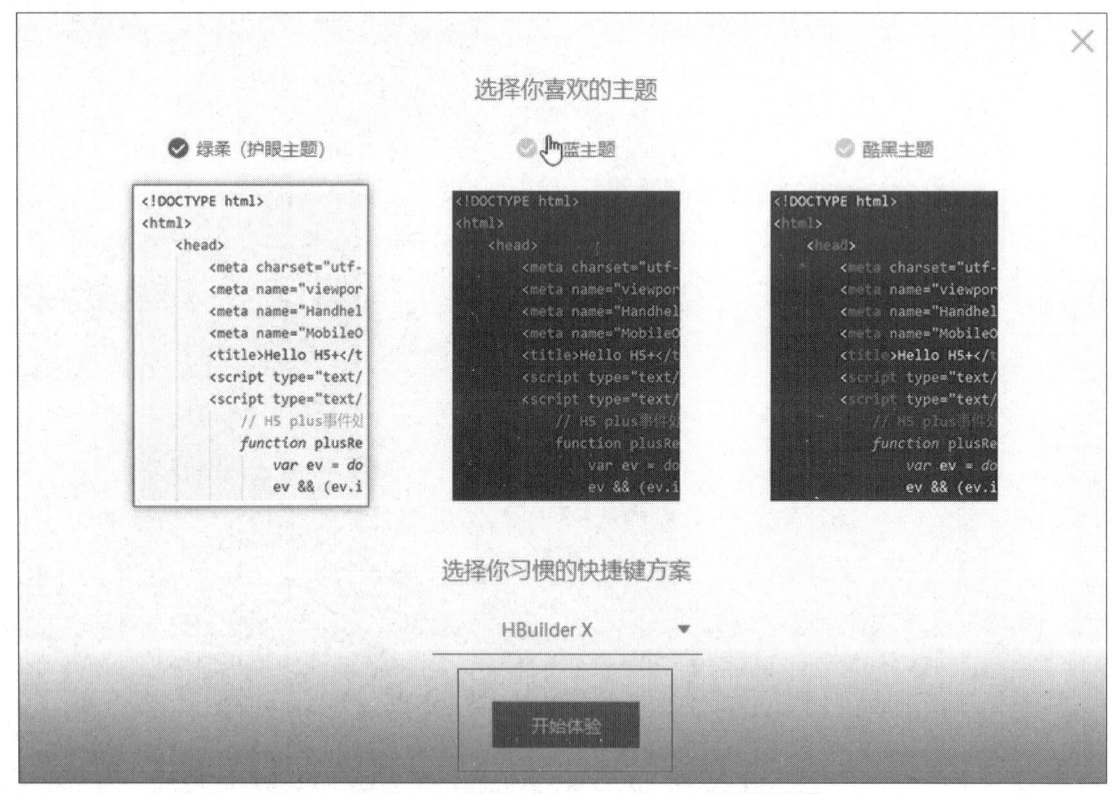

图 1-6　选择主题

（8）进入 HBuilderX 软件首页，如图 1-7 所示。

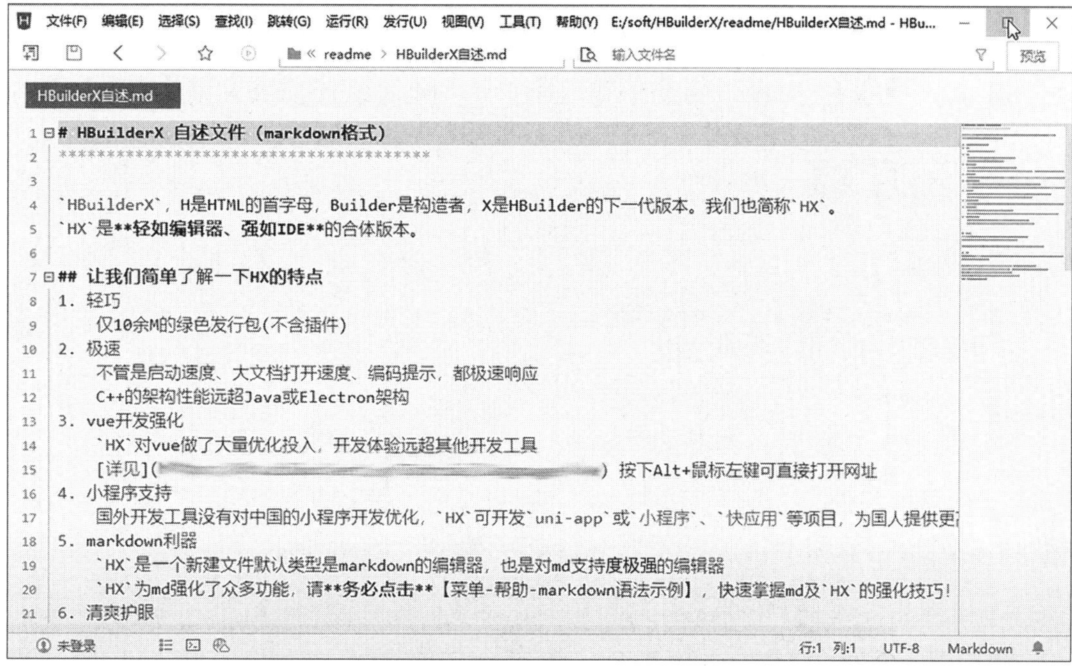

图 1-7　HBuilderX 软件首页

（9）单击“关闭”按钮，退出程序。在弹出的对话框中单击“是”按钮，如图 1-8 所示，创建桌面快捷方式。

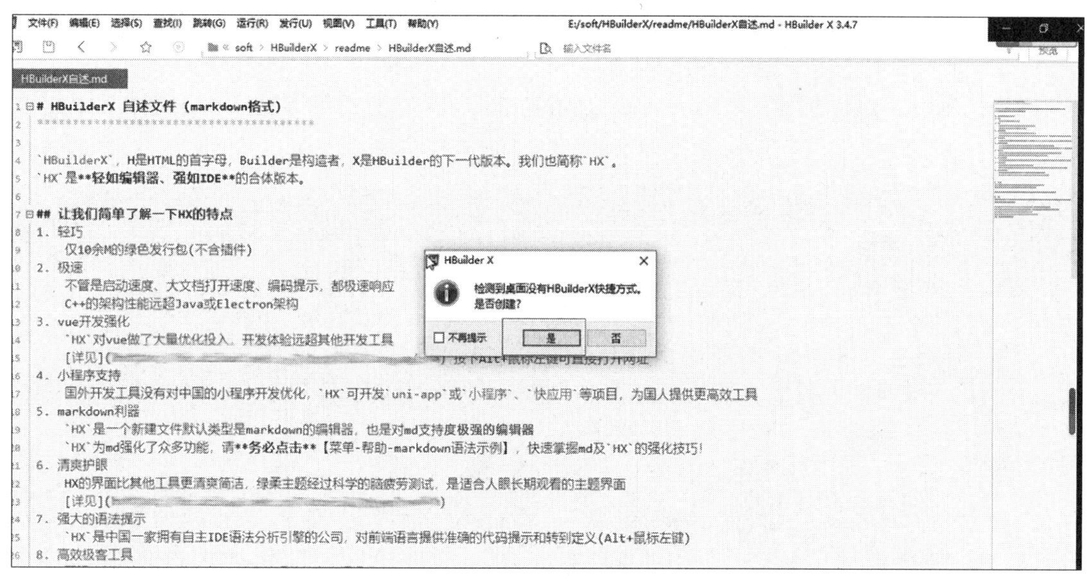

图 1-8　单击“是”按钮

【技能训练 1-2】制作第一张网页

【目标要求】通过制作第一张网页，让学生掌握网页制作的过程，熟悉网页的基本框架结构。

【方法步骤】

（1）打开 HBuilderX 软件，选择“文件”→“新建”→“项目”命令，在弹出的对话框中选择“普通项目”选项，创建“基本 HTML 项目”，具体设置如图 1-9 所示。

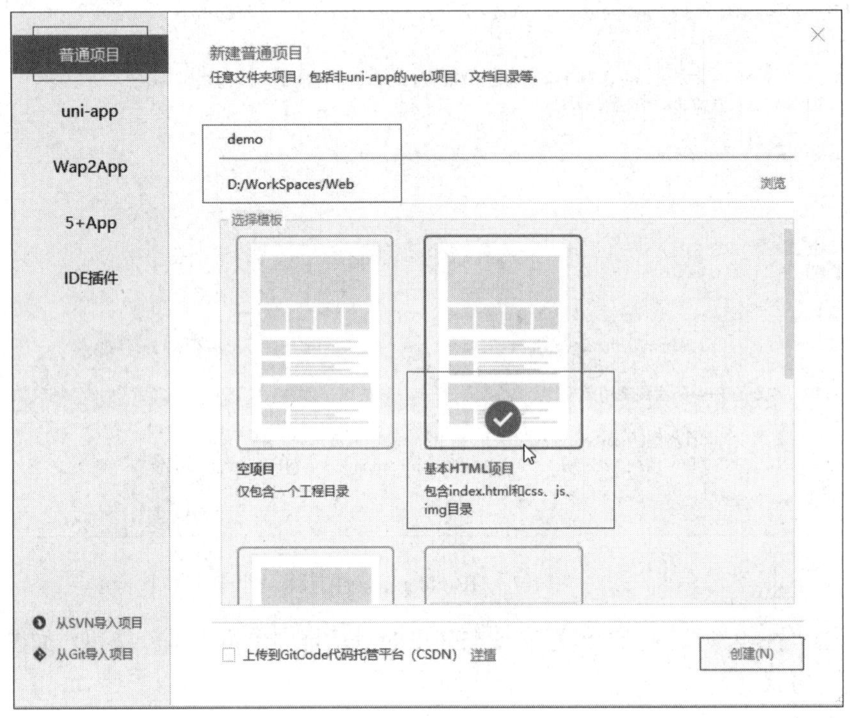

图 1-9　具体设置

（2）在项目资源管理器中，打开 index.html 文件，在右侧的编辑器中，进行代码内容的修改。

```
1.  <!DOCTYPE html>
2.  <html>
3.  <head>
4.      <meta charset="utf-8"/>
5.      <title>我的第一张网页</title>
6.  </head>
7.  <body>
8.   欢迎来到我的网页！
9.  </body>
10. </html>
```

在上述代码中，第 5 行代码设置网页的标题内容，第 8 行代码设置网页的显示内容。

（3）选择“运行”→“运行到浏览器”命令，选择合适的浏览器（自己计算机上已安装的）运行网页，如图 1-10 所示。

（4）浏览器中的运行效果如图 1-11 所示。

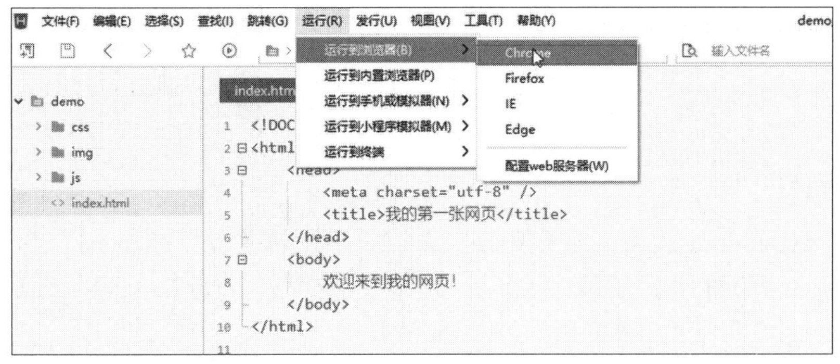

图 1-10　选择合适的浏览器运行网页

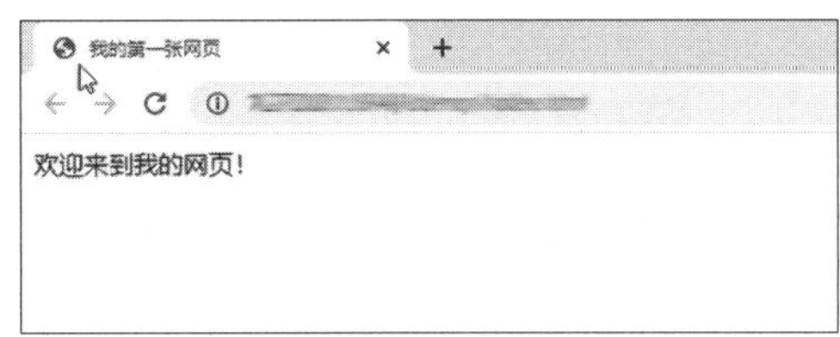

图 1-11　浏览器中的运行效果

【注意】此案例中所引用的 HTML 标签含义如表 1-1 所示。

表 1-1　HTML 标签含义

标签	含义
<!DOCTYPE html>	定义 HTML 文档的类型
<html></html>	根标签，定义 HTML 文档
<head></head>	头部标签，定义关于 HTML 文档的信息，描述 HTML 文档的各种属性和信息，绝大多数文档头部包含的数据不会真正作为内容显示给访客
<title></title>	定义 HTML 文档的标题
<meta charset= "utf-8"/>	定义 HTML 文档的字符编码
<body></body>	定义 HTML 文档的主体

1.2　文字标签

1.2.1　标题标签

HTML 提供了<h1>～<h6> 6 个级别的标题标签。<h1>标签定义字号最大的标题。<h6>标签定义字号最小的标题。在网页中合理地使用这些标题标签，可以使网页的层次结构更加清晰。

基本语法格式如下：

```
<hn>标题文本</hn>
```

【技能训练 1-3】标题标签

【目标要求】 通过训练，掌握 HTML 标题标签的使用方法，熟悉 Web 前端开发对应岗位的名称。

【方法步骤】

（1）打开 HBuilderX 软件，参照技能训练 1-2，新建普通项目 chapter1。

（2）在 chapter1 项目中，新建 HTML 文件，将该文件命名为 ex1-1.html，具体的页面逻辑关系如图 1-12 所示。

图 1-12　具体的页面逻辑关系

（3）在 HBuilderX 软件右侧的编辑器中，编写 HTML 代码。

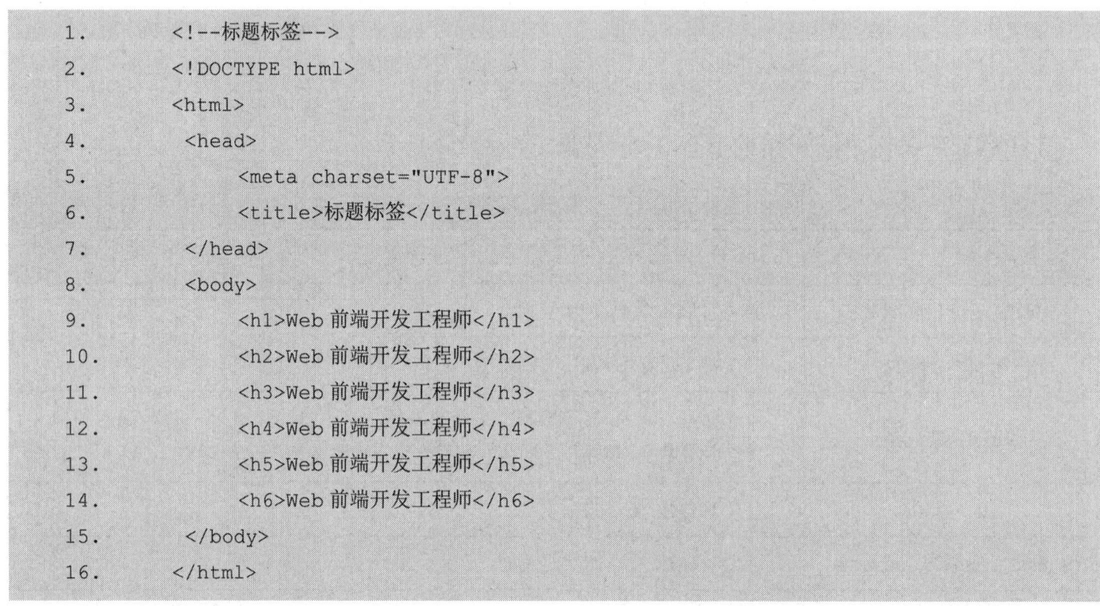

```
1.      <!--标题标签-->
2.      <!DOCTYPE html>
3.      <html>
4.       <head>
5.           <meta charset="UTF-8">
6.           <title>标题标签</title>
7.       </head>
8.       <body>
9.           <h1>Web 前端开发工程师</h1>
10.          <h2>Web 前端开发工程师</h2>
11.          <h3>Web 前端开发工程师</h3>
12.          <h4>Web 前端开发工程师</h4>
13.          <h5>Web 前端开发工程师</h5>
14.          <h6>Web 前端开发工程师</h6>
15.      </body>
16.     </html>
```

在上述代码中，第 1 行代码是一个 HTML 注释，它不会在网页上显示，第 6 行代码设置网页的标题内容，第 9～14 行代码使用<h1>～<h6>标签设置 6 个不同级别的标题。

（4）标题标签网页运行效果如图 1-13 所示。

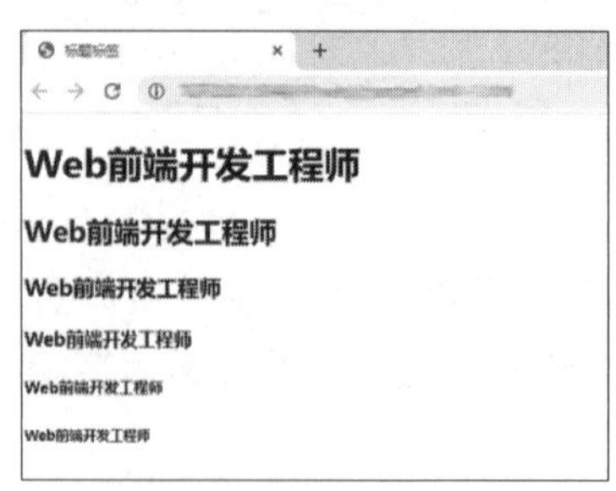

图 1-13　标题标签网页运行效果

从图 1-13 中可以看出，在默认情况下标题标签文字是加粗、居左显示的，字号从 h1 到 h6 依次递减。

【注意】

- HTML 标题标签只能用来定义标题，不可以使用标题标签对文本进行加粗设计。
- 由于搜索引擎（如百度）是使用标题来索引网页结构和内容的，因此使用标题标签有利于搜索引擎抓取网页信息。
- 标题标签并不是随意使用的，要根据具体的使用环境，按照级别由高到低地使用标题标签。通常一个页面中有且仅有一个<h1>标签，用来定义最重要的标题，该标题通常放在网页的头部。

1.2.2　段落标签

文本是网页中的常见元素，那么大量的文本如何能被有条理地呈现出来？可以使用段落进行排版布局。HTML 中使用段落标签<p>将文档中的内容分割为若干段落。

基本语法格式如下：

```
<p>段落内容</p>
```

段落由<p>标签开始，由</p>标签结束，开始标签和结束标签之间的内容被看作一个段落。在默认情况下，当文本内容较多时，浏览器会根据窗口大小自动换行。

【技能训练 1-4】段落标签

【目标要求】通过训练，掌握 HTML 段落标签的使用方法，熟悉 Web 前端开发对应岗位的需求。

【方法步骤】

（1）打开 HBuilderX 软件，在 chapter1 项目中新建 HTML 文件，将该文件命名为 ex1-2.html。

（2）在 HBuilderX 软件右侧的编辑器中，编写 HTML 代码。

```
<!--段落标签-->
<!DOCTYPE html>
<html>
    <head>
        <meta charset="UTF-8">
        <title>段落标签</title>
    </head>
    <body>
        <h1 align="center">Web 前端开发工程师</h1>
        <hr />
        <h2>具备条件：</h2>
        <p>第一，必须掌握基本的 Web 前端开发技术，其中包括 HTML5、CSS3、JavaScript、
DOM、BOM、AJAX、SEO 等，
```

```
14.                 在掌握这些技术的同时，还要清楚地了解它们在不同浏览器上的兼容情况、渲染原理和存
15.     在的 Bug。</p>
16.                 <p align="left">第二，在一名合格的 Web 前端开发工程师的知识结构中，网站性能优
17.     化、SEO 和服务器的基础知识也是必须掌握的。</p>
18.                 <p align="center">第三，必须学会运用各种工具进行辅助开发。</p>
19.                 <p align="right">第四，除了要掌握技术层面的知识，还要掌握理论层面的知识，包括
20.     代码的可维护性、组件的易用性、分层语义模板
21.                         和浏览器分级支持，等等。</p>
22.             </body>
23.         </html>
```

在上述代码中，第 12 行代码、16 行代码分别使用<p>标签标记了两段内容，每个段落都会独占一行，且段落间拉开了一定的间隔距离。

（3）段落标签网页运行效果如图 1-14 所示。

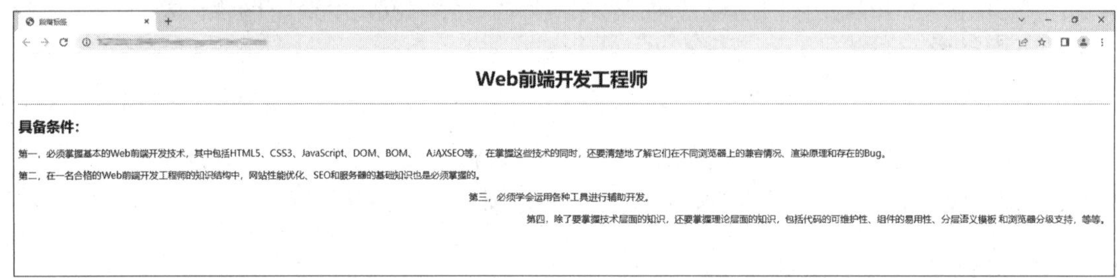

图 1-14　段落标签网页运行效果

1.2.3　水平线标签

在网页中，为了使页面内容的显示更清晰、具有条理，经常会使用一些水平线将页面内容分隔。水平线可以通过<hr/>标签来实现。

基本语法格式如下：

```
<hr 属性="属性值"/>
```

<hr/>是一个单标签，在网页的 HTML 代码中输入一个<hr/>标签，就添加了一条默认样式的水平线。水平线标签常用属性如表 1-2 所示。

表 1-2　水平线标签常用属性

属性	含义	属性值
size	水平线的宽度	以像素为单位
width	水平线的长度	使用占屏幕宽度的百分比或像素值来表示
align	水平线的对齐方式	有 left、right、center 三种
noshade	线段无阴影属性	
color	水平线的颜色	可以使用颜色名称、十六进制值、RGB 值、RGBA 值等

【技能训练 1-5】水平线标签

【目标要求】通过训练，掌握 HTML 水平线标签的使用方法，确保在网页设计中能够正确应用水平线元素，提升网页的布局和视觉效果。

【方法步骤】

（1）打开 HBuilderX 软件，在 chapter1 项目中新建 HTML 文件，将该文件命名为 ex1-3.html。

（2）在 HBuilderX 软件右侧的编辑器中，编写 HTML 代码。

```
1.  <!--水平线-->
2.  <!DOCTYPE html>
3.  <html>
4.      <head>
5.          <meta charset="UTF-8">
6.          <title>水平线</title>
7.      </head>
8.      <body>
9.          <h1>Web 前端开发工程师</h1>
10.         <hr/>
11.         <hr width="500px" size="5" align="center" color="blue"/>
12.     </body>
13. </html>
```

在上述代码中，第 10 行代码表示插入了一条默认样式的水平线，第 11 行代码表示插入了一条水平线并设置水平线的长度为 500px，宽度为 5，对齐方式为居中，颜色为蓝色。

（3）水平线标签网页运行效果如图 1-15 所示。

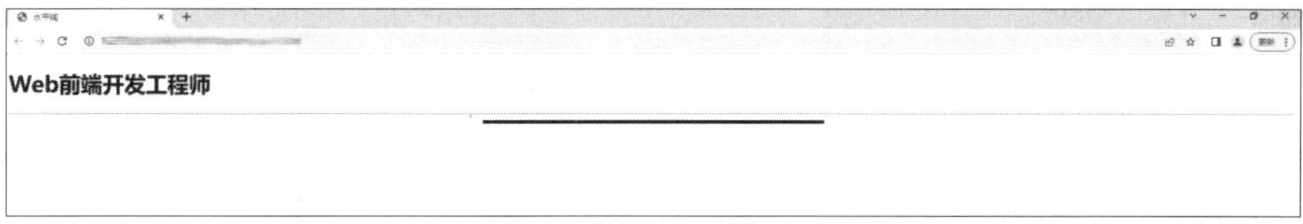

图 1-15　水平线标签网页运行效果

1.2.4　换行标签

换行标签可以将一段文本内容强制换行。

基本语法格式如下：

```
<br/>
```

换行标签为单标签。

【技能训练 1-6】换行标签

【目标要求】通过训练，掌握在 HTML 中使用
标签实现文本内容换行的方法，并能在实际网页制作中灵活运用。

【方法步骤】

（1）打开 HBuilderX 软件，在 chapter1 项目中新建 HTML 文件，将该文件命名为 ex1-4.html。

（2）在 HBuilderX 软件右侧的编辑器中，编写 HTML 代码。

```
1.      <!--换行标签-->
2.      <!DOCTYPE html>
3.      <html>
4.          <head>
5.              <meta charset="UTF-8">
6.              <title>换行标签</title>
7.          </head>
8.          <body>
9.              <p>Web 前端开发技术包括三个要素：HTML、CSS、JavaScript。
10.  <br/>
11.                 随着 RIA 的流行和普及，<br/>
12.                 XML、Flash/Flex、Silverlight 和服务器端语言<br/>
13.                 也是前端开发工程师应该掌握的。</p>
14.             <p>Web 前端开发技术包括三个要素：HTML、CSS、JavaScript。
15.                 随着 RIA 的流行和普及，
16.                 XML、Flash/Flex、Silverlight 和服务器端语言
17.                 也是前端开发工程师应该掌握的。</p>
18.         </body>
19.     </html>
```

在上述代码中，第 10 行代码、第 11 行代码中各加入了一个换行标签，对文本内容进行强制换行。

（3）换行标签网页运行效果如图 1-16 所示。

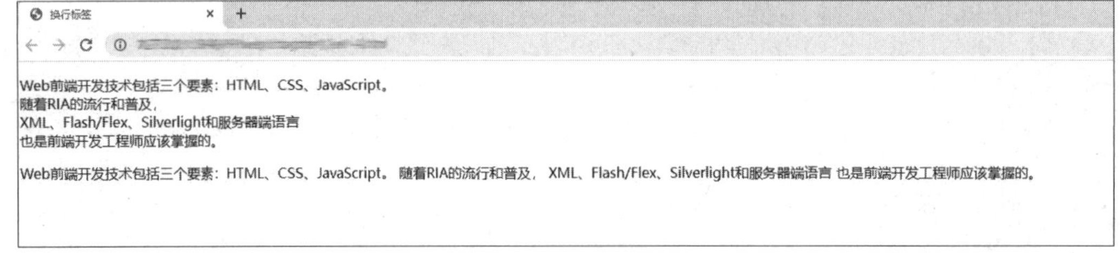

图 1-16　换行标签网页运行效果

1.2.5　文本样式标签

HTML 中提供了文本样式标签<font>，用于指定文本的颜色、字体和字号。

基本语法格式如下：

```
<font 属性="属性值">文本内容</font>
```

<font>标签常用属性有 3 个，如表 1-3 所示。

表 1-3　<font>标签常用属性

属性	含义
color	设置文本的颜色
face	设置文本的字体
size	设置文本的字号

【注意】在实际工作中不推荐使用<font>标签，HTML5 不支持此标签。

【技能训练 1-7】文本样式标签

【目标要求】通过训练，掌握在 HTML 中使用不同属性（如颜色、字体、字号等）来设置文本样式的方法，以实现网页中文本的多样化和美观性。

【方法步骤】

（1）打开 HBuilderX 软件，在 chapter1 项目中新建 HTML 文件，将该文件命名为 ex1-5.html。

（2）在 HBuilderX 软件右侧的编辑器中，编写 HTML 代码。

```
1.      <!--文本样式标签-->
2.      <!DOCTYPE html>
3.      <html>
4.          <head>
5.              <meta charset="UTF-8">
6.              <title>文本样式标签</title>
7.          </head>
8.          <body>
9.              <h1 align="center">Web 前端开发工程师</h1>
10.             <hr />
11.             <h2>具备条件：</h2>
12.             <p><font size="2" color="blue">第一，必须掌握基本的 Web 前端开发技术，其中
13.     包括 HTML5、CSS3、JavaScript、DOM、BOM、AJAX、SEO 等，在掌握这些技术的同时，还要清楚地了
14.     解它们在不同浏览器上的兼容情况、渲染原理和存在的 Bug。</font></p>
15.             <p align="left"><font size="5" color="red">第二，在一名合格的 Web 前端开
16.     发工程师的知识结构中，网站性能优化、SEO 和服务器的基础知识也是必须掌握的。</font></p>
17.             <p align="center"><font face="隶书" size="7" color="green">第三，必须
18.     学会运用各种工具进行辅助开发。</font></p>
19.             <p align="right">第四，除了要掌握技术层面的知识，还要掌握理论层面的知识，包括
20.     代码的可维护性、组件的易用性、分层语义模板和浏览器分级支持，等等。</p>
21.         </body>
22.     </html>
```

在上述代码中，第 12 行代码设置文本字号为 2 号，颜色为蓝色；第 15 行代码设置段落的对齐方式为左对齐，文本字号为 5 号，颜色为红色；第 17 行代码设置段落的对齐方式为居中，文本字体为隶书，字号为 7 号，颜色为绿色；第 19 行代码设置段落的对齐方式为右对齐。

（3）文本样式标签网页运行效果如图 1-17 所示。

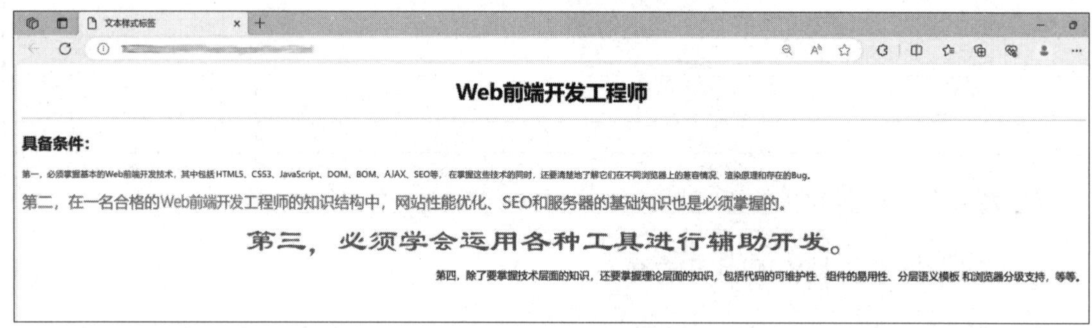

图 1-17　文本样式标签网页运行效果

1.2.6　文本格式化标签

在网页制作中，有时需要为文本设置加粗、倾斜、加下画线等特殊格式，文本格式化标签可以轻松实现这些功能。常见的文本格式化标签如表 1-4 所示。

表 1-4　常见的文本格式化标签

标签	含义
<strong></strong>或者<b></b>	文本加粗显示，建议使用<strong></strong>
<em></em>或者<i></i>	文本倾斜显示，建议使用<em></em>
<del></del>或者<s></s>	文本加删除线，建议使用<del></del>
<ins></ins>或者<u></u>	文本加下画线，建议使用<ins></ins>

【技能训练 1-8】文本格式化标签

【目标要求】通过训练，掌握在 HTML 中使用不同标签来设置文本格式的方法，包括加粗、倾斜、加下画线等，以丰富网页中文本的显示效果。

【方法步骤】

（1）打开 HBuilderX 软件，在 chapter1 项目中新建 HTML 文件，将该文件命名为 ex1-6.html。

（2）在 HBuilderX 软件右侧的编辑器中，编写 HTML 代码。

```
<!--文本格式化标签-->
<!DOCTYPE html>
<html>
    <head>
        <meta charset="UTF-8">
        <title>文本格式化标签</title>
    </head>
    <body>
        <p>Web 前端开发工程师，是从事 Web 前端开发工作的工程师。</p>
        <p><b>Web 前端开发工程师，是从事 Web 前端开发工作的工程师。</b></p>
```

```
            <p><strong>Web 前端开发工程师，是从事 Web 前端开发工作的工程师。</strong></p>
            <p><ins>Web 前端开发工程师，是从事 Web 前端开发工作的工程师。</ins></p>
            <p><i>Web 前端开发工程师，是从事 Web 前端开发工作的工程师。</i></p>
            <p><em>Web 前端开发工程师，是从事 Web 前端开发工作的工程师。</em></p>
            <p><del>Web 前端开发工程师，是从事 Web 前端开发工作的工程师。</del></p>
        </body>
    </html>
```

在上述代码中，可以看到为段落文本分别应用了不同的文本格式化标签，从而产生了特殊的显示效果。

（3）文本格式化标签网页运行效果如图 1-18 所示。

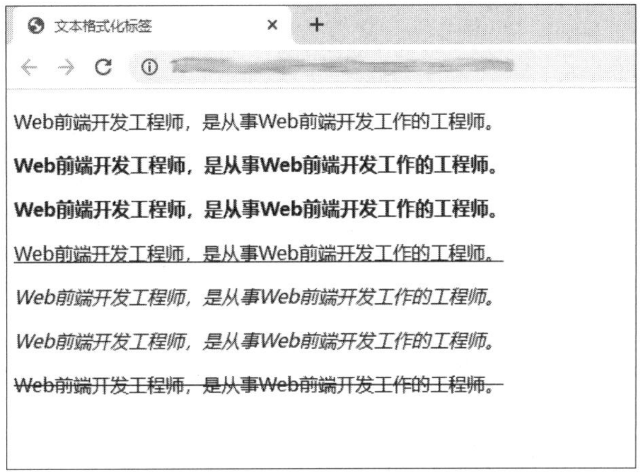

图 1-18　文本格式化标签网页运行效果

1.2.7　特殊字符标签

在网页制作中，有一些特殊字符，如数学符号、版权符号等，可以使用 HTML 的特殊字符标签书写，具体如表 1-5 所示。

表 1-5　特殊字符的书写

特殊字符	含义	代码
	空格符	
<	小于号	<
>	大于号	≥
&	和号	&
¥	人民币	¥
©	版权	©
®	注册商标	®
°	摄氏度	°

续表

特殊字符	含义	代码
±	正负号	±
×	乘号	×
÷	除号	÷
²	平方（上标 2）	²
³	立方（上标 3）	³

1.3 图像标签

网页元素除了文本，最常见的就是图像。在 HTML 中使用<img>标签插入图像，该标签是一个自闭合标签。

基本语法格式如下：

```
<img src="图片的路径" />
```

图像标签的主要属性如表 1-6 所示。

表 1-6 图像标签的主要属性

属性	含义	备注
src	指定要加载的图像路径、图像名称及图像格式	source，必填属性
width	指定图像的宽度	单位 px、em、cm、mm
height	指定图像的高度	单位 px、em、cm、mm
border	指定图标的边框宽度	单位 px、em、cm、mm
alt	备选文本	当网页上的图像被加载完成后，鼠标指针移动到图像上面，将显示这个图像指定的属性文字；如果图像没有被下载或者加载失败，则会用文字来代替图像显示，搜索引擎可以通过这个属性的文字来抓取图像信息
title	为图像提供额外信息	当鼠标指针悬停在图像上时，将显示此信息作为工具提示

【注意】 src 为路径 URL，它有两种形式，即相对路径和绝对路径。相对路径是指不带有盘符，以当前 HTML 文件为起点，通过网站内的层级关系描述图像文件的位置。相对路径的设置大致分 3 种情况。

（1）图像文件和网页文件在同一个文件夹中，需要输入图像文件名，如：

```
<img src="logo.png"/>
```

（2）图像文件位于网页文件的下一级文件夹中，需要输入文件夹名和文件名，如：

```
<img src="img/logo.png">
```

（3）图像文件位于网页文件的上一级文件夹中，需要在文件名之前使用“…/”，如果位于上两级文件夹中，则需要使用“…/ …/”，以此类推，如：

```
<img src="../img/logo.png">
```

绝对路径是指带有盘符的路径或者完整的网络地址。如：

```
<img src="D:\Workspaces\Web\chapter1\img\logo.png">
```

或

```
<img src="https://img1.bai**.com/it/u=2209562974,3899090511&fm=253&fmt=auto&app=138&f=
JPEG?w=640&h=325"/>
```

【技能训练 1-9】图像标签

【目标要求】通过训练，掌握图像标签的使用方法，理解相对路径和绝对路径的概念。

【方法步骤】

（1）打开 HBuilderX 软件，在 chapter1 项目中新建 HTML 文件，将该文件命名为 ex1-7.html。

（2）在 HBuilderX 软件右侧的编辑器中，编写 HTML 代码。

```
1.        <!--图像标签-->
2.        <!DOCTYPE html>
3.        <html>
4.            <head>
5.                <meta charset="utf-8">
6.                <title>图像标签</title>
7.            </head>
8.            <body>
9.                相对路径：
10.               <img  src="img/bj.jpg"  width="200px"  height="150px"  border="3px"
11.    title="喜迎二十大"/>
12.               <img src="img/fj.jpg"/>
13.               <hr/>
14.               绝对路径：
15.               <img  src="D:\Workspaces\Web\HYweb\chapter1\bj.jpg"  alt="凝心聚力、奋
16.    进前行"/>
17.               <img
18.    src="https://img1.bai**.com/it/u=2172819597,2021168177&fm=253&fmt=auto&app=1
19.    20&f=JPEG?w=750&h=500"/>
20.           </body>
21.       </html>
```

在上述代码中，第 10～12 行代码使用了相对路径，第 15～16 行代码使用了绝对路径来访问图像地址，并在部分图像中进行了属性设置；第 17～19 行代码设置了图像的网络访问地址。如果图像没有被下载或者加载失败，则会使用 alt 属性设置的文字替代图像显示。

（3）图像标签网页运行效果如图 1-19 所示。

图 1-19　图像标签网页运行效果

1.4　列表标签

在网页中，经常使用列表标签来展示一些关联性内容，如排行榜、导航栏等。网页中的列表通常分为 3 类，分别是无序列表、有序列表和自定义列表。

1.4.1　无序列表

无序列表表示网页中不分顺序的列表，如新闻列表。无序列表使用<ul>标签定义，一般与<li>标签一起使用。

基本语法格式如下：

```
<ul>
<li>列表项 1</li>
<li>列表项 2</li>
<li>列表项 3</li>
...
</ul>
```

【注意】

（1）<ul>标签是一个块级元素。

（2）<ul>标签和<li>标签都拥有 type 属性，该属性用来指定项目符号，type 属性值分别为 disc（默认，实心圆）、circle（空心圆）、square（实心方形）。

【技能训练 1-10】无序列表标签

【目标要求】通过训练，掌握 HTML 中无序列表标签的使用方法，能够创建并格式化无序列表，为网页内容提供清晰、有条理的结构和布局。

【方法步骤】

（1）打开 HBuilderX 软件，在 chapter1 项目中新建 HTML 文件，将该文件命名为 ex1-8.html。

（2）在 HBuilderX 软件右侧的编辑器中，编写 HTML 代码。

```
1.        <!--无序列表-->
2.        <!DOCTYPE html>
3.        <html>
4.            <head>
5.                <meta charset="UTF-8">
6.                <title>列表标签——无序列表</title>
7.            </head>
8.            <body>
9.                <p>“五位一体”总体布局</p>
10.               <ul>
11.                    <li>经济建设</li>
12.                    <li type="square">政治建设</li>
13.                    <li>文化建设</li>
14.                    <li type="circle">社会建设</li>
15.                    <li>生态文明建设</li>
16.               </ul>
17.           </body>
18.       </html>
```

在上述代码中，第 10～16 行代码设置了无序列表，第 12 行代码添加了 type 属性，表示此行使用的项目符号为实心方形，第 14 行代码表示使用的项目符号为空心圆。

（3）无序列表网页运行效果如图 1-20 所示。

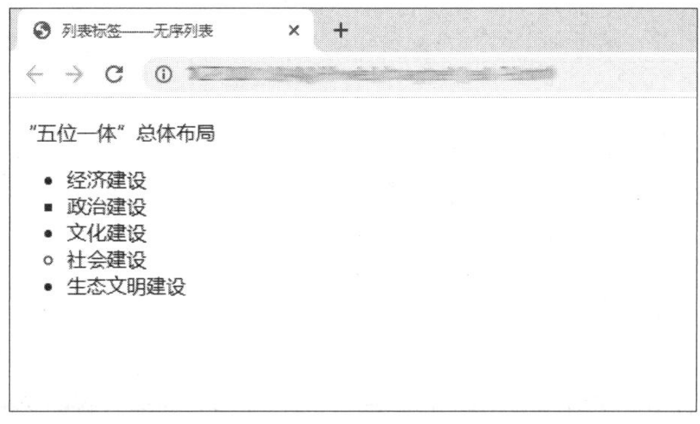

图 1-20　无序列表网页运行效果

1.4.2 有序列表

有序列表表示网页中有顺序的列表，如排行榜等。有序列表使用<ol>标签定义，一般与<li>标签一起使用。

基本语法格式如下：

```
<ol>
<li>列表项 1</li>
<li>列表项 2</li>
<li>列表项 3</li>
...
</ol>
```

有序列表的属性和属性值如表 1-7 所示。

表 1-7 有序列表的属性和属性值

属性	属性值	含义
type	1（默认）	项目符号显示数字 1、2、3…
	a 或 A	项目符号显示英文字母 a、b、c…或 A、B、C…
	i 或 I	项目符号显示罗马数字 i、ii、iii…或 I、II、III…
start	数字	设置项目符号的起始值
value	数字	设置项目符号的数字

【技能训练 1-11】有序列表标签

【目标要求】通过训练，掌握 HTML 列表标签中有序列表标签的使用方法，为网页内容提供有序、逻辑清晰的展示方式。

【方法步骤】

（1）打开 HBuilderX 软件，在 chapter1 项目中新建 HTML 文件，将该文件命名为 ex1-9.html。

（2）在 HBuilderX 软件右侧的编辑器中，编写 HTML 代码。

```
<!--有序列表-->
<!DOCTYPE html>
<html>
 <head>
     <meta charset="utf-8">
     <title>列表标签——有序列表</title>
 </head>
 <body>
     <p>“四个全面”战略布局</p>
     <ol>
         <li>全面建设社会主义现代化国家</li>
         <li>全面深化改革</li>
         <li>全面依法治国</li>
         <li>全面从严治党</li>
```

```
15.             </ol>
16.             <hr/>
17.             <ol>
18.                 <li type="1" value="2">全面建设社会主义现代化国家</li>
19.                 <li type="a">全面深化改革</li>
20.                 <li type="i">全面依法治国</li>
21.                 <li type="A">全面从严治党</li>
22.             </ol>
23.         </body>
24.     </html>
```

在上述代码中，第 10～15 行代码定义了默认有序列表，第 18 行代码设置项目序号的值为 2，后续列表项的项目序号依次增加，第 19 行代码设置项目序号为小写英文字母，第 20 行代码设置项目序号为小写罗马数字，第 21 行代码设置项目序号为大写英文字母。

（3）有序列表网页运行效果如图 1-21 所示。

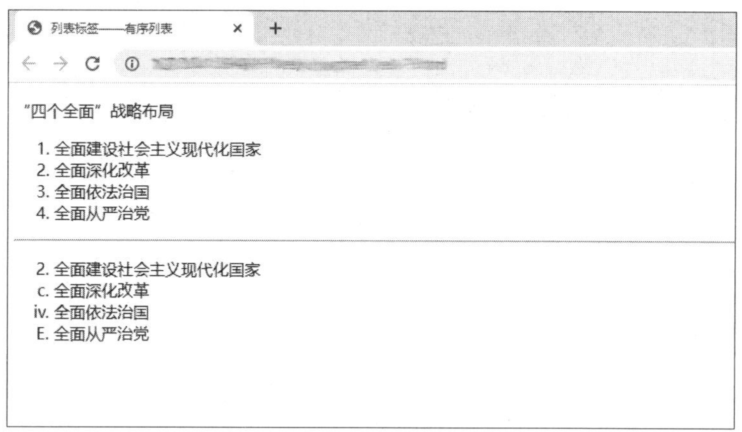

图 1-21　有序列表网页运行效果

1.4.3　自定义列表

<dl>标签用于定义自定义列表。

<dl>标签一般结合<dt>（自定义列表的项目）标签和<dd>（描述列表中的项目）标签一起使用。

基本语法格式如下：

```
<dl>
<dt>名词 1</dt>
<dd>名词 1 的描述解释 1</dd>
<dd>名词 1 的描述解释 2</dd>
...
<dt>名词 2</dt>
<dd>名词 2 的描述解释 1</dd>
```

```
<dd>名词 2 的描述解释 2</dd>
...
</dl>
```

【技能训练 1-12】自定义列表标签

【目标要求】通过训练，掌握 HTML 列表标签中自定义列表标签的使用方法，以满足不同网页设计的需求和审美。

【方法步骤】

（1）打开 HBuilderX 软件，在 chapter1 项目中新建 HTML 文件，将该文件命名为 ex1-10.html。

（2）在 HBuilderX 软件右侧的编辑器中，编写 HTML 代码。

```
1.      <!--自定义列表-->
2.      <!DOCTYPE html>
3.      <html>
4.          <head>
5.              <meta charset="utf-8">
6.              <title>列表标签——自定义列表</title>
7.          </head>
8.          <body>
9.              <dl>
10.                 <dt>新时代好青年</dt>
11.                 <dd>有理想</dd>
12.                 <dd>敢担当</dd>
13.                 <dd>能吃苦</dd>
14.                 <dd>肯奋斗</dd>
15.             </dl>
16.         </body>
17.     </html>
```

在上述代码中，第 9～15 行代码定义了一个自定义列表，其中<dt></dt>标签内为名词“新时代好青年”，后面紧跟 4 个<dd></dd>标签，用于对名词进行解释和说明。

（3）自定义列表网页运行效果如图 1-22 所示。

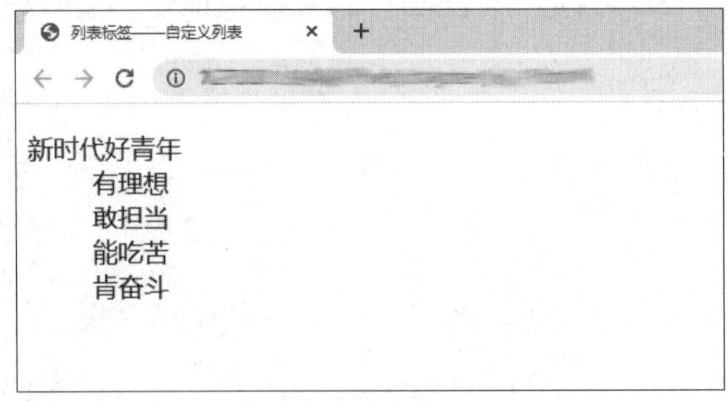

图 1-22　自定义列表网页运行效果

1.5　超链接标签

超链接标签是 HTML 中非常重要的一个标签，网页通过超链接关联在一起，构成了一个完整的网站。

在 HTML 中，超链接使用<a>标签定义，可以链接到其他网页、同一个网页的不同部分，或者链接到电子邮件地址等。

基本语法格式如下：

```
<a  href="跳转目标 URL"  title="鼠标指针移动到链接上时显示的文字"  target="目标窗口的弹出方式">
文本或图像</a>
```

【注意】在超链接标签的基本语法格式中，<a>标签是一个行内标签。

属性具体介绍如下。

- href：必填属性，用于指定链接目标的 URL 地址。
- target：用于指定链接页面的打开方式，取值有_self 和_blank 两种，其中_self 是默认属性值，表示在原窗口中打开，而_blank 表示在新窗口中打开。

【技能训练 1-13】超链接标签

【目标要求】通过训练，掌握 HTML 中超链接标签的使用方法，能够创建外部链接，为网页提供导航和跳转功能，提升用户体验和网站的可访问性。

【方法步骤】

（1）打开 HBuilderX 软件，在 chapter1 项目中新建 HTML 文件，将该文件命名为 ex1-11.html。

（2）在 HBuilderX 软件右侧的编辑器中，编写 HTML 代码。

```
1.      <!DOCTYPE html>
2.      <html>
3.          <head>
4.              <meta charset="utf-8">
5.              <title>超链接</title>
6.          </head>
7.          <body>
8.              <p><a  href="https://www.g**.cn/"  target="_blank">新闻聚焦</a> 
9.     
10.             <!-- <a href="images/bg.jpg">精彩瞬间</a>-->
11.             <a
12. href="https://img1.bai**.com/it/u=554593995,4176608530&fm=253&fmt=auto&app=13
13. 8&f=JPEG?w=640&h=360">精彩瞬间</a>  <!-- 使用网络素材图片 -->
14.                 
15.             <a href="mailto:**csxy@163.com">联系我们</a>    
16.             <a href="file/adc225.rar">文件下载</a></p>
17.         </body>
10.     </html>
```

在上述代码中，第 8 行代码包含一个外部链接，链接到了光明网网站，第 10～13 行代码链接到了图片元素，第 15 行代码实现电子邮件地址的链接，第 16 行代码实现文件下载。

（3）超链接标签网页运行效果如图 1-23 所示。

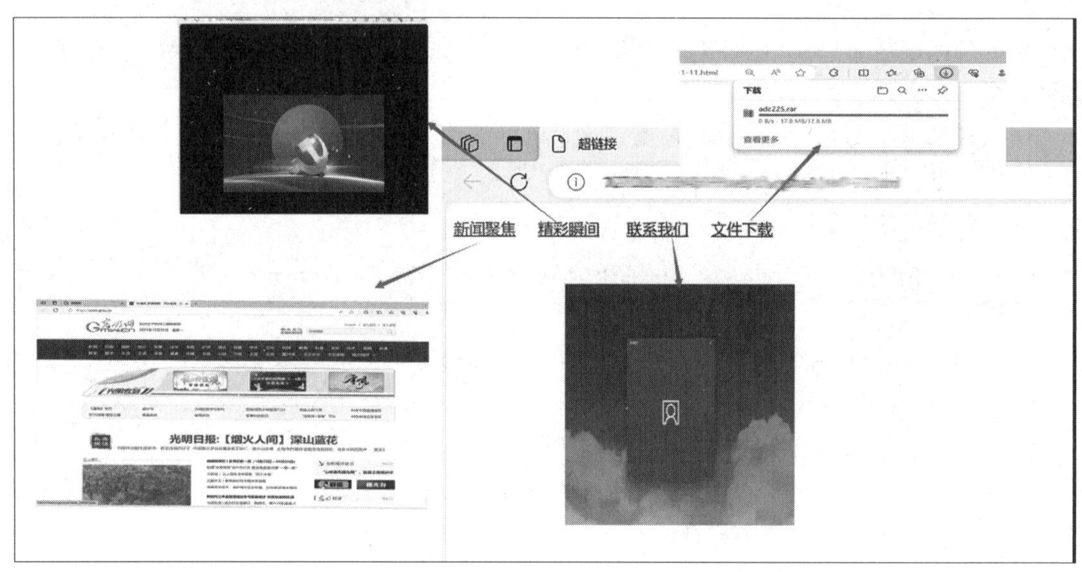

图 1-23　超链接标签网页运行效果

锚点链接是网页超链接的一种，又叫命名标记，它像一个快速定位器，是页面内的超链接，用来实现在同一个页面中不同区域间的跳转，锚点功能在实际网站开发中应用相当普遍。

实现锚点链接的两个步骤如下。

1. 跳转目标的定义

在跳转目标处，给对应的标签添加一个 id 属性，它的值要遵循文件或文件夹的命名规则。例如，<p id="box"></p>。

2. 锚点的定义

给跳转目标定义一个相应的超链接<a>标签，并添加 href 属性，href 取值为“# +锚点的名字”，如<a href="#box"></a>，这样就可以实现锚点链接了。

【技能训练 1-14】锚点链接

【目标要求】通过训练，掌握超链接标签中锚点链接的使用方法，实现页面内不同区域之间的快速导航，提升网页的交互性和易用性。

【方法步骤】

（1）打开 HBuilderX 软件，在 chapter1 项目中新建 HTML 文件，将该文件命名为 ex1-12.html。

（2）在 HBuilderX 软件右侧的编辑器中，编写 HTML 代码。

```
<!DOCTYPE html>
<html>
    <head>
        <meta charset="utf-8">
        <title>锚点链接</title>
    </head>
    <body>
```

```
8.            <ul id="top">
9.                <li><a href="#one">ChatGPT 与 AI 伦理</a></li>
10.               <li><a href="#two">元宇宙的发展前景</a></li>
11.               <li><a href="#three">区块链技术的应用</a></li>
12.               <li><a href="#four">量子计算的突破</a></li>
13.               <li><a href="#five">可穿戴设备的新趋势</a></li>
14.           </ul>
15.           <h3 id="one">ChatGPT 与 AI 伦理</h3>
16.           <p>随着 ChatGPT 的横空出世并迅速风靡全球，人工智能伦理议题再度被推向风口浪尖。
17.   ChatGPT，作为一款革命性的人工智能语言模型，凭借其卓越的自然语言处理能力，能够创作出媲美人类
18.   撰写的高质量文本，广泛应用于文章创作、学术研究乃至日常对话中，展现出了惊人的创造力和实用性。
19.   然而，这一技术的广泛应用也引发了社会各界对于数据安全、版权归属及 AI 责任等伦理问题的深刻反思
20.   与热烈讨论。
21.           <br/><br/><br/><br/><br/><br/><br/><br/><br/><br/>
22.           </p>
23.           <h3 id="two">元宇宙的发展前景</h3>
24.           <p>元宇宙概念在全球范围内持续发酵，被视为互联网的下一个阶段。元宇宙将虚拟现实、
25.   增强现实、社交媒体、游戏等元素融合，构建出一个沉浸式的数字世界，有望带来全新的经济模式和社会
26.   互动方式。
27.           <br/><br/><br/><br/><br/><br/><br/><br/><br/><br/>
28.           </p>
29.           <h3 id="three">区块链技术的应用</h3>
30.           <p>区块链技术正逐步从数字货币领域拓展到更多行业，如供应链管理、医疗健康、版权保
31.   护等。区块链以其去中心化、不可篡改的特点，为数据安全和透明度提供了新的解决方案。
32.           <br/><br/><br/><br/><br/><br/><br/><br/><br/><br/>
33.           </p>
34.           <h3 id="four">量子计算的突破</h3>
35.           <p>量子计算领域取得了一系列重要进展，多家科技巨头和研究机构在量子比特数量、量子
36.   纠缠等方面实现了关键性突破，预示着量子计算可能在未来对密码学、材料科学等领域产生重大影响。
37.           <br/><br/><br/><br/><br/><br/><br/><br/><br/><br/>
38.           </p>
39.           <h3 id="five">可穿戴设备的新趋势</h3>
40.           <p>可穿戴设备市场持续增长，智能手表、健身追踪器、AR 眼镜等产品不断推陈出新。未来，
41.   可穿戴设备将更加注重用户体验，集成更多传感器，实现更精准的数据监测和个性化服务。
42.           <br/><br/><br/><br/><br/><br/><br/><br/><br/><br/>
43.           </p>
44.           <p><a href="#top">返回头部</a></p>
45.       </body>
46.   </html>
```

在上述代码中，第9～13行代码中的<a>标签应用了href属性，href取值为“#id名”，创建了锚点链接。第15、23、29、34、39行代码对<h3>标签设置了id名作为链接对象，只需要

单击无序列表中的超链接对象就会跳转到指定位置。第 44 行代码设置了“返回头部”文本的锚点链接，单击该文本，可以快速跳转到页面的头部。

（3）锚点链接网页初始运行效果如图 1-24 所示。

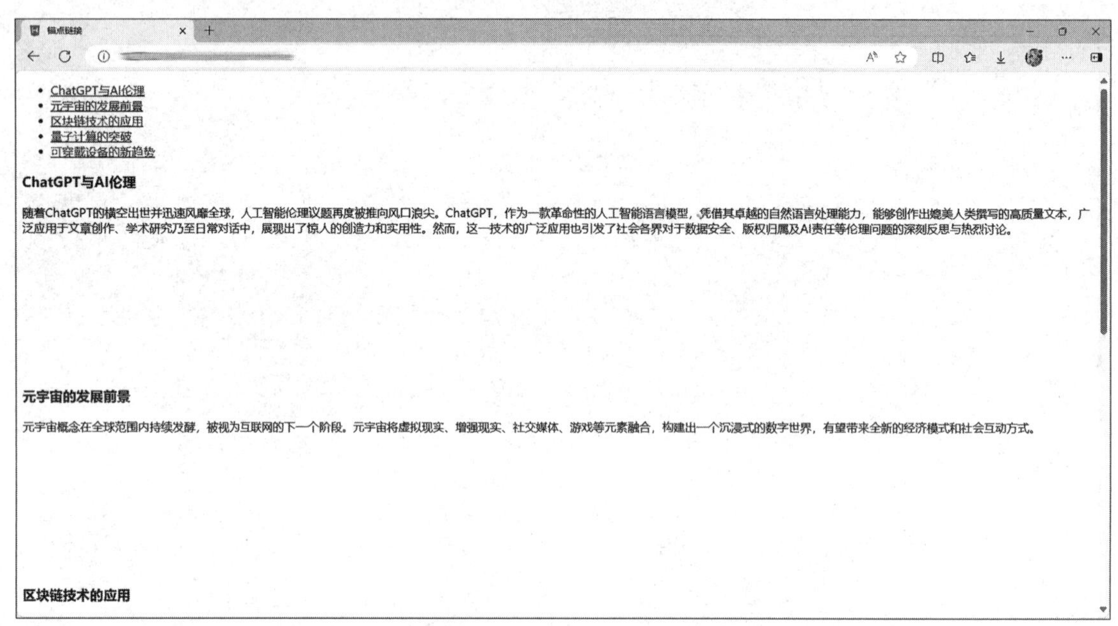

图 1-24　锚点链接网页初始运行效果

当单击“区块链技术的应用”时，页面会自动跳转到指定位置，网页运行效果如图 1-25 所示。

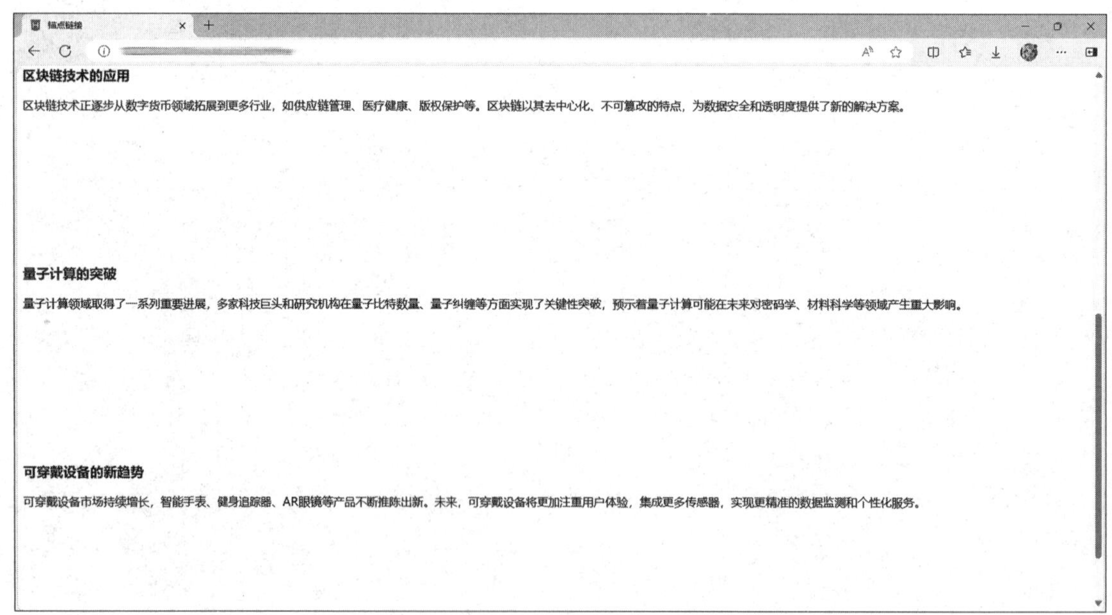

图 1-25　单击“区块链技术的应用”时的网页运行效果

1.6 表格标签

表格标签通常在网页中用来表示数据或进行布局。

- HTML 中使用<table>标签定义表格，每个表格均有若干行（由 <tr> 标签定义），每行被分割为若干单元格（由 <td> 标签定义）。
- 字母 td 指表格数据（table data），即数据单元格的内容。
- 数据单元格可以包含文本、图片、列表、段落、表单水平线、表格等。
- 在默认情况下，表格是不显示边框的，如果需要设置，则可通过相应的属性进行表格、行、单元格的属性设置。

基本语法格式如下：

```
<table>
    <tr><td>单元格内容 1</td></tr>
    <tr><td>单元格内容 2</td></tr>
…
</table>
```

1.6.1 <table>标签的属性

<table>标签的属性在 HTML 中通常用于定义表格的各种样式，如边框、宽度、对齐方式、背景颜色等，具体如表 1-8 所示。

表 1-8 <table>标签的属性

属性	功能解释
width、height	设置表格的宽度和高度，属性值可以使用像素数，也可以使用百分比
align	定义表格对齐方式
border	设置外边框的宽度
bgcolor	设置表格背景颜色，属性值可以使用颜色英文名称，也可以使用十六进制值
background	设置背景图片
cellspacing	单元格间距（单元格和单元格的距离），一般情况写 0
cellpadding	单元格边距（表格边框与内容的距离），一般情况写 0

1.6.2 <tr>标签的属性

<tr>标签的属性在 HTML 中主要用于定义表格中每一行的样式，如行的水平对齐方式和垂直对齐方式等，具体如表 1-9 所示。

表 1-9 <tr>标签的属性

属性	功能解释
align	定义表格行对齐方式

续表

属性	功能解释
bgcolor	设置表格行的背景颜色
valign	规定表格内容为垂直对齐
char	规定根据哪个字符来进行文本对齐

1.6.3 <td>标签的属性

<td>标签的属性在 HTML 中主要用于定义表格中数据单元格的样式，具体如表 1-10 所示。

表 1-10 <td>标签的属性

属性	功能解释
width	设置单元格宽度
align	定义表格行对齐方式
bgcolor	设置表格列的背景颜色
char	规定根据哪个字符来进行文本对齐
colspan	水平合并，合并多列
owspan	垂直合并，合并多行
contenteditable	设置单元格为可编辑文本
valign	设置单元格内容为垂直对齐

1.6.4 <th>标签的属性

<th>标签一般用在表格的第一行，是特殊的单元格，文字会自动加粗、居中。在用法上替代<td>标签的位置即可。

【技能训练 1-15】表格标签

【目标要求】通过训练，掌握 HTML 中表格标签的使用方法，提高网页内容的可读性和可理解性。

【方法步骤】

（1）打开 HBuilderX 软件，在 chapter1 项目中新建 HTML 文件，将该文件命名为 ex1-13.html。

（2）在 HBuilderX 软件右侧的编辑器中，编写 HTML 代码。

```
<!DOCTYPE html>
<html>
    <head>
        <meta charset="utf-8">
      <title>表格标签</title>
    </head>
    <body>
```

```
8.          <table width="1000px" border="1" cellspacing="0" cellpadding="20">
9.              <tr align="center">
10.                 <td colspan="6">分组名单</td>
11.             </tr>
12.             <tr align="center" bgcolor="gray">
13.                 <td>组号</td>
14.                 <td>组长</td>
15.                 <td>组员</td>
16.                 <td>组员</td>
17.                 <td>组员</td>
18.                 <td>组员</td>
19.             </tr>
20.             <tr>
21.                 <td align="center">1</td>
22.                 <td>张三</td>
23.                 <td>组员 1</td>
24.                 <td>组员 2</td>
25.                 <td>组员 3</td>
26.                 <td>组员 4</td>
27.             </tr>
28.             <tr>
29.                 <td>2</td>
30.                 <td>李四</td>
31.                 <td>组员 5</td>
32.                 <td>组员 6</td>
33.                 <td>组员 7</td>
34.                 <td>组员 8</td>
35.             </tr>
36.         </table>
37.     </body>
38. </html>
```

在上述代码中，创建了 4 行 6 列的表格，第 10 行代码通过 colspan 属性实现表格首行合并单元格，第 12 行代码设置表格第二行的文字居中效果和背景颜色。

（3）表格标签网页运行效果如图 1-26 所示。

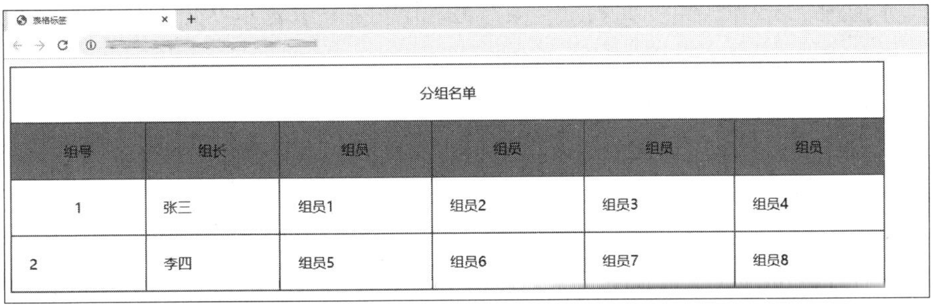

分组名单					
组号	组长	组员	组员	组员	组员
1	张三	组员1	组员2	组员3	组员4
2	李四	组员5	组员6	组员7	组员8

图 1-26　表格标签网页运行效果

1.7　<div>标签和<span>标签

1.7.1　<div>标签

<div>标签也被称为区隔标记，没有什么具体含义，主要用于设定文本、图片、表格等的摆放位置。在 HTML 文档中，<div>标签是一个块级元素，可以包含段落、表格等内容，用于放置不同的内容。一般通过<div>标签来布局、定位网页中的每个区块。

1.7.2　<span>标签

<span>标签是 HTML 的行内标签，主要用于组合文档中的行内元素。<span>标签本身没有任何属性，它的主要作用是通过应用样式来格式化文本，以实现某种特定的视觉效果。

【技能训练 1-16】<div>标签和<span>标签

【目标要求】通过训练，掌握 HTML 中<div>标签和<span>标签的使用方法，能够利用它们进行网页内容的布局，实现元素的组织、定位和布局，提升网页的结构化。

【方法步骤】

（1）打开 HBuilderX 软件，在 chapter1 项目中新建 HTML 文件，将该文件命名为 ex1-14.html。

（2）在 HBuilderX 软件右侧的编辑器中，编写 HTML 代码。

```
1.      <!DOCTYPE html>
2.      <html>
3.          <head>
4.              <meta charset="utf-8">
5.              <title>Div 和 Span</title>
6.          </head>
7.          <body>
8.              <div><span>LOGO</span><span>网站头部信息</span></div>
9.              <div>主体部分</div>
10.             <div>脚注</div>
11.         </body>
12.     </html>
```

在上述代码中，第 8～10 行代码定义了 3 组<div>标签来表示网页的 3 个部分，第 8 行代码中嵌套了<span>标签用来设置网站头部的信息。

（3）<div>标签和<span>标签网页运行效果如图 1-27 所示。

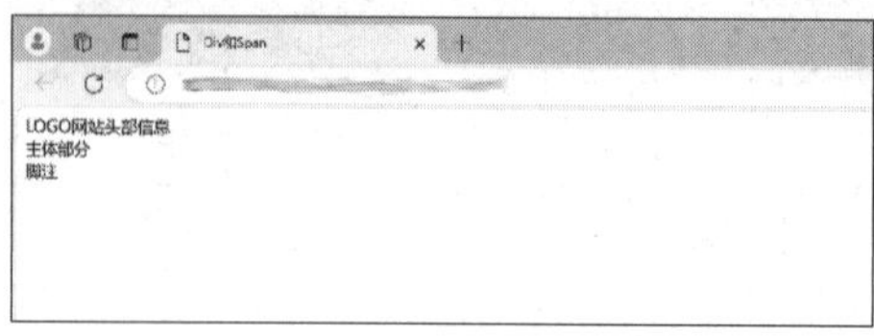

图 1-27　<div>标签和<span>标签网页运行效果

1.8　<iframe>标签

HTML 中的<iframe>标签是一种框架，一般用来嵌入别的页面。例如，在自己的页面中嵌入别的网站页面或者本站点中的其他页面内容。

基础语法格式如下：

```
<iframe name="" frameborder="0" src="页面的 URL" scrolling=""></iframe>
```

属性如下。

- src：外部页面的路径，可以使用相对路径，也可以使用绝对路径。
- scrolling：是否显示页面滚动条（可选的参数为 auto、yes、no，如果省略这个属性，则默认为 auto）。
- frameborder：规定是否显示 iframe 周围的边框，当设置为 0 时，表示无边框。

【技能训练 1-17】<iframe>标签

【目标要求】通过训练，掌握 HTML 中<iframe>标签的使用方法，掌握在网页中嵌入外部页面或内容的方法，实现页面内容的独立展示和交互，提高网页的丰富性和扩展性。

【方法步骤】

（1）打开 HBuilderX 软件，在 chapter1 项目中新建 HTML 文件，将该文件命名为 ex1-15.html。

（2）在 HBuilderX 软件右侧的编辑器中，编写 HTML 代码。

```
1.     <!--<iframe>标签-->
2.     <!DOCTYPE html>
3.     <html>
4.         <head>
5.             <meta charset="UTF-8">
6.             <title>iframe</title>
7.         </head>
8.         <body>
9.             <p>中新网</p>
10.            <iframe        src="https://www.china**ws.com/"        width="100%"
11.    height="500px">
12.            </iframe>
13.            <p>一些老的浏览器不支持 iframe。</p>
14.            <p>如果得不到支持，则 iframe 是不可见的。</p>
15.        </body>
16.    </html>
```

在上述代码中，第 10～11 行代码使用了<iframe>标签，并通过设置使页面全屏显示了中新网的内容。

（3）<iframe>标签网页运行效果如图 1-28 所示。

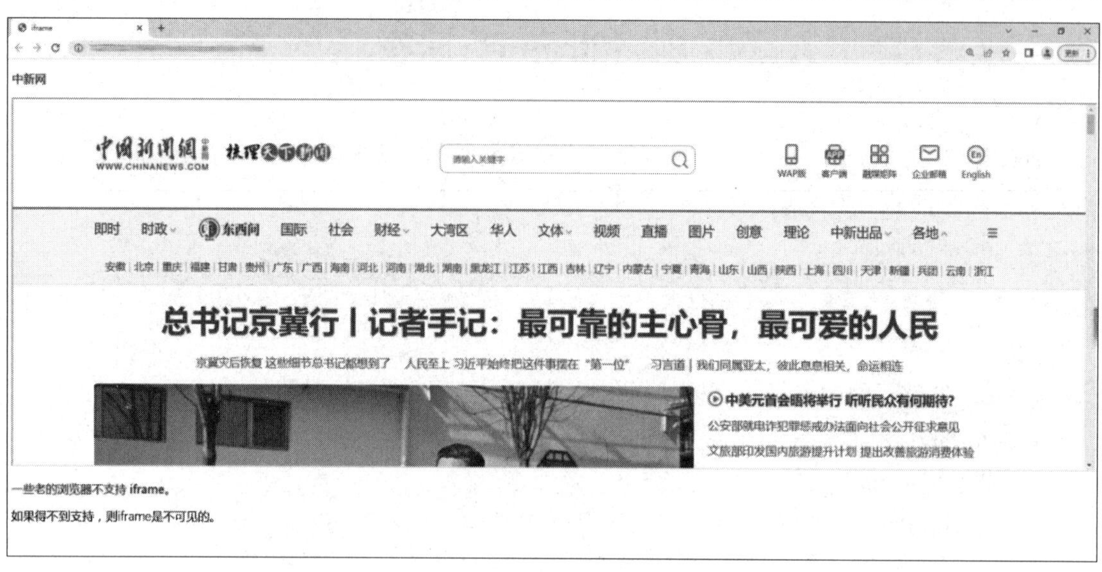

图 1-28　<iframe>标签网页运行效果

一、单选题

1．HTML5 的正确 doctype 是（　　）。

A．<!DOCTYPE html>

B．<!DOCTYPE HTML5>

C．<!DOCTYPE HTML PUBLIC "-//W3C//DTD HTML 5.0//EN" "http://www.hxedu.com.cn/TR/html5/strict.dtd">

D．<!DOCTYPE>

2．下列关于文件路径的说法中，错误的是（　　）。

A．“.../”表示返回当前目录的上一级目录

B．“.../”表示返回当前目录的下一级目录

C．直接输入相应的目录名即可访问下一级目录

D．文件路径是指文件存储的位置

3．下列关于 HTML5 的说法中，不正确的是（　　）。

A．HTML5 标准还在制定中

B．HTML5 兼容以前 HTML4 及更早版本的浏览器

C．标签替代 Flash

D．简化的语法

4．在 HTML 中，下列有关邮箱的链接中书写正确的是（　　）。

A．<A href="telnet:zhangming@aptech.com">发送邮件</A>

B．<A href="mail:zhangming@aptech.com">发送邮件</A>

C．<A href="ftp:zhangming@aptech.com">发送邮件</A>

D．<A href="mailto:zhangming@aptech.com">发送邮件</A>

5．下列选项中定义标题最合理的是（　　）。

A．<span class="header">文章标题</span>

B．<p><b>文章标题</b></p>

C．<h2>标题</h2>

D．<div>文章标题</div>

二、多选题

1．<img>标签有文字提示特性的属性是（　　）。

A．title　　B．tite　　C．alt　　D．height

2．关于<!doctype html>的说法正确的是（　　）。

A．区分大小写，只有<!DOCTYPE html>这样写才是正确的

B．<!doctype html>的作用是告诉浏览器以什么标准去解析网页

C．<!doctype html>在 HTML 代码中可以省略，省略后页面呈怪异模式

3．嵌入 HTML 文档中的图像格式可以是（　　）。

A．*.gif　　B．*.tif　　C．*.bmp　　D．*.jpg

4．以下标签书写正确的是（　　）。

A．<p/>　　B．
　　C．<hr/>　　D．<img/>

5．以下（　　）是块级元素。

A．div　　B．img　　C．input　　D．p

三、判断题

1．HTML 标签的属性一般不区分大小写。

2．使用<h1>标签修饰的文字字号通常比使用<h6>标签修饰的文字字号小。

3．HTML 是一种超文本标记语言。

4．相对路径不带有盘符，通过层级关系描述目标图像的位置。

5．浏览器对于不同级别的标题标签使用不同的字号。

项目 2　HTML5 基础知识

知识目标

1. 掌握 HTML5 新增页面结构元素、分组元素、页面增强元素、文本层次语义化元素、全局属性等
2. 掌握 HTML5 中表单的使用方法
3. 掌握 HTML5 中多媒体标签的使用方法

技能目标

1. 能使用 HTML5 文本层次语义化元素构建页面主体结构
2. 能使用 HTML5 新增全局属性、页面增强元素、表单等制作静态网页
3. 能使用 HTML5 多媒体标签在网页中播放音频和视频
4. 能使用 HTML5 新特性制作移动端静态网页

素养目标

1. 培养学生的创造力和实践能力
2. 培养学生的网络检索能力，学会查找文档和资源，提升解决问题的能力
3. 培养学生的自学能力，不断扩充和深化专业知识

2.1　HTML5 新增页面结构元素

为了使文档结构更加清晰、容易阅读，HTML5 增加了很多新的页面结构元素。

2.1.1　header 元素

header 元素用来定义网页或文档的头部区域，通常用来放置整个页面或页面内的一个内容区块的标题，也用来放置其他内容，如 logo 图片、搜索表单、导航条等。

2.1.2　footer 元素

footer 元素用来定义网页或文档的脚部区域，通常包含版权信息、文档作者、使用条款链接等。

2.1.3　nav 元素

nav 元素用来定义页面导航条。导航条样式较多，常见的有顶部导航、侧边导航、底部导航。

2.1.4　section 元素

section 元素用来对网页或文档上的内容进行分块，一个 section 元素通常由内容及其标题组成。但 section 元素并非一个普通的容器元素，当一个容器需要直接定义样式或通过脚本定义行为时，最好使用<div>标签而不要使用 section 元素。

2.1.5　article 元素

article 元素用来定义文档内的文章，可以是一篇帖子、一篇博文、一条用户评论，也可以是一篇新闻报道。article 元素是可以嵌套使用的，内层的内容在原则上需要与外层的内容相关联。

2.1.6　aside 元素

aside 元素用来表示与页面或文章内容相关，但又不属于主要内容的侧边栏、导航区域、广告、标注等内容，通常用来显示附加信息、引用的内容和其他次要元素。

【技能训练 2-1】 HTML5 页面结构元素

【目标要求】 通过训练，掌握 HTML5 中新增页面结构元素的使用方法，并理解语义。

【方法步骤】

（1）打开 HBuilderX 软件，新建普通项目 chapter2。在 chapter2 项目中新建 HTML 文件，将该文件命名为 ex2-1.html。

（2）在 HBuilderX 软件右侧的编辑器中，编写 HTML 代码。

```
<!--HTML5 页面结构元素-->
<!DOCTYPE html>
<html>
    <head>
        <meta http-equiv="content-type" content="text/html; charset=utf-8">
        <meta name="description" content="从榜样的故事中汲取前进的能量" />
        <title>HTML5 页面结构元素</title>
    </head>
```

```
        <body>
            <header>
                <h1>身边的榜样</h1>
            </header>
            <nav>
                <ul>
                    <li>首页</li>
                    <li>榜样事迹</li>
                    <li>榜样风采</li>
                </ul>
            </nav>
            <article>
                <header>
                    <h2>可亲可敬可学的好榜样</h2>
                </header>
                <p>
                    李华是一位计算机专业的大学生。在校期间他学业上表现优秀，认真学习，经常
向老师请教问题，不断追求知识的深度和广度。
                    他的努力和才华得到了老师的赏识，他还经常积极参加省市级各项竞赛，取得了
不俗的成绩。除了学业上的优秀表现，李华还是
                    一位热心公益的大学生。他组织了一支志愿者团队，定期去孤儿院和敬老院开展
志愿服务，为需要帮助的人提供援助和关爱。
                    李华还积极参与社会实践，他利用寒暑假的时间去不同的企事业单位实习，锻炼
自己的实践能力，提升自己的职业素养。他在实习期间，
                    不仅完成了各项任务，还通过自己的努力和创新，给企业带来了新的思路和发展
机会。他的表现得到了企业的认可和赞赏，
                    多次获得实习单位的优秀员工奖。李华的行为和品质不仅赢得了同学们的尊敬和
喜爱，还受到了校园领导的肯定和表彰。
                    他被评为“优秀学生干部”和“优秀共青团员”，成为校园里的榜样人物。
                </p>
                <section>
                    <h2>评论</h2>
                    <article>
                        <h3>评论者：A</h3>
                        <p>时代造就英雄，向李华同学致敬！</p>
                    </article>
                    <h2>评论</h2>
                    <article>
                        <h3>评论者：B</h3>
                        <p>李华同学是一位全面发展、乐于助人的大学生榜样。</p>
                    </article>
                </section>
            </article>
            <aside>友情链接</aside>
```

```
            <footer>版权所有</footer>
        </body>
    </html>
```

在上述代码中，使用 header 元素表示网页头部信息；使用<h1>标签表示网页内容标题；使用 nav 元素表示网页的导航信息，通过无序列表具体展现；使用 article 元素表示文章的主体部分；使用 section 元素对网页内容进行分块；使用 aside 元素表示侧边栏信息；使用 footer 元素表示版权信息。

（3）HTML5 页面结构元素网页运行效果如图 2-1 所示。

图 2-1　HTML5 页面结构元素网页运行效果

2.2　HTML5 新增全局属性

HTML5 新增了一些全局属性，这些属性可以应用于任何 HTML 元素。以下是 HTML5 新增的一些全局属性。

2.2.1　contenteditable 属性

contenteditable 属性规定是否允许用户编辑内容。

contenteditable 属性值可以设置为 true，表示内容可编辑，也可以设置为 false，表示内容不可编辑。

2.2.2　hidden 属性

在 HTML5 中，所有的元素允许使用 hidden 属性。

该属性类似 input 元素中的 hidden 属性，使元素处于不可见状态。

当 hidden 属性值为 true 时，元素处于不可见状态；当 hidden 属性值为 false 时，元素处于可见状态。

2.2.3　draggable 属性

draggable 属性规定是否允许用户拖动元素。

它的属性值有 3 种：true 规定元素是可拖动的；false 规定元素是不可拖动的；auto 规定使用浏览器的默认特性。

2.2.4　spellcheck 属性

spellcheck 属性的功能是对输入内容进行拼写和语法检查，主要对 input 元素中的文本值（非密码）、textarea 元素中的文本、可编辑元素中的文本进行拼写检查。它有个特殊的地方，就是必须声明属性值为 true 或者 false。如果元素的 readonly 属性或者 disabled 属性为 true，则不执行拼写检查。Firefox、IE、Chrome、Safari 等浏览器都支持该属性。

spellcheck 及本书列举的 draggable、hidden、contenteditable 全局属性可以在任何 HTML 元素上使用，提供了更大的灵活性和功能扩展的可能性。

【技能训练 2-2】新增全局属性

【目标要求】通过训练，掌握 HTML5 中新增全局属性的使用方法，能够将其灵活应用于各种 HTML 元素，提高网页的交互性、可维护性和可扩展性。

【方法步骤】

（1）打开 HBuilderX 软件，在 chapter2 项目中新建 HTML 文件，将该文件命名为 ex2-2.html。

（2）在 HBuilderX 软件右侧的编辑器中，编写 HTML 代码。

```
<!--新增全局属性-->
<!DOCTYPE html>
<html>
    <head>
        <meta charset="UTF-8">
        <title>HTML5 全局属性</title>
    </head>
    <body>
        <p>可亲可敬可学的好榜样</p>
        <hr />
        <p contenteditable="true">可亲可敬可学的好榜样</p>
        <hr />
        <p hidden="hidden">可亲可敬可学的好榜样</p>
```

```
14.             <hr/>
15.             <p draggable="true">可亲可敬可学的好榜样</p>
16.             <p>
17.                 <textarea spellcheck="true">
18.                     html5
19.                 </textarea>
20.                 <textarea spellcheck="false">
21.                     html5
22.                 </textarea>
23.             </p>
24.         </body>
25.     </html>
```

在上述代码中，第 11 行代码中的<p>段落标签将 contenteditable 属性值设为 true，使得段落内容在网页中可编辑；第 15 行代码中的<p>段落标签将 draggable 属性值设为 true，使得此段落可拖动；第 17 行代码表示对多行文本框中的内容进行拼写和语法检查；第 20 行代码表示不对多行文本框中的内容进行拼写和语法检查。

（3）新增全局属性网页运行效果如图 2-2 所示。

图 2-2　新增全局属性网页运行效果

2.3　HTML5 页面增强元素

HTML5 引入了许多新的元素，用于增强页面的功能和效果。以下是一些常用的 HTML5 页面增强元素。

2.3.1　新增的 figure 元素和 figcaption 元素

- figure 元素用来表示网页上一块独立的内容，将其从网页上移除后不会对网页上的其他内容产生任何影响。

- figure 元素表示的内容可以是图片、统计图或代码示例，但并不仅限于此，它同样可以用来表示音频插件、视频插件或统计表格等。
- figcaption 元素表示 figure 元素的标题，从属于 figure 元素，必须书写在 figure 元素内部，可以书写在 figure 元素内的其他从属元素的前面或后面。
- 一个 figure 元素内最多只允许放置一个 figcaption 元素，但允许放置多个其他元素。

2.3.2　新增的 details 元素和 summary 元素

1. details 元素

- details 元素用于标识该元素内部的子元素应该展开显示，还是收缩显示。
- details 元素具有一个布尔类型的 open 属性，当 open 属性值为 true 时，该元素内部的子元素应该展开显示；当 open 属性值为 false 时，该元素内部的子元素应该收缩显示。默认值为 false。
- details 元素内部不仅可以放置文字，还可以放置表单、插件或对一个统计图提供的详细数据表格。
- details 元素状态改变会触发 toggle 事件。

2. summary 元素

- summary 元素从属于 details 元素，在使用鼠标单击 summary 元素中的文字时，details 元素中的其他所有从属元素将会展开或收缩显示。
- 如果 details 元素内部没有 summary 元素，则浏览器会提供默认文字以供单击。

2.3.3　mark 元素

mark 元素用于显示着重、高亮效果。

2.3.4　cite 元素

cite 元素用于显示斜体效果。

2.3.5　新增的 progress 元素

progress 元素表示一个任务的完成进度，进度可以是不确定的，只是表示进度正在进行，但不清楚还有多少工作量没有完成，也可以使用 0 和某个大数字（如 100）之间的数字来表示准确的进度完成情况（如百分比）。

该元素具有两个属性来表示当前任务完成情况，value 属性表示已经完成了多少工作量，max 属性表示总共有多少工作量。工作量的单位是随意的，不用指定。

在设定属性时，value 属性和 max 属性只能指定为有效的浮点数，value 属性值必须大于 0，且小于或等于 max 属性值；max 属性值必须大于 0。

2.3.6　新增的 meter 元素

meter 元素表示规定范围内的数量值。例如，磁盘使用量、某个候选者的投票人数所占比例等。该元素的 6 个属性介绍如下。

- value 属性：在元素中特地表示出来的实际值。该属性值默认为 0，可以给该属性指定一个浮点小数值。
- min 属性：指定在规定的范围内允许使用的最小值，min 属性值默认为 0。在设定该属性时，指定的值不能小于 0。
- max 属性：指定在规定的范围内允许使用的最大值，如果设定该属性值小于 min 属性值，则把 min 属性值视为最大值。max 属性值默认为 1。
- low 属性：规定范围的下限值，必须小于或等于 high 属性值。同样地，如果 low 属性值小于 min 属性值，则把 min 属性值视为 low 属性值。
- high 属性：规定范围的上限值。如果 high 属性值小于 low 属性值，则把 low 属性值视为 high 属性值，同样地，如果 high 属性值大于 max 属性值，则把 max 属性值视为 high 属性值。
- optimum 属性：最佳值。该属性值必须在 min 属性值与 max 属性值之间，可以大于 high 属性值。

【技能训练 2-3】页面增强元素

【目标要求】通过训练，掌握 HTML5 中常见的页面增强元素的使用方法，提高内容的可访问性，加强搜索引擎优化效果。

【方法步骤】

（1）打开 HBuilderX 软件，在 chapter2 项目中新建 HTML 文件，将该文件命名为 ex2-3.html。

（2）在 HBuilderX 软件右侧的编辑器中，编写 HTML 代码。

```
<!--HTML5 页面增强元素-->
<!DOCTYPE html>
<html>
    <head>
        <meta charset="UTF-8">
        <title>页面增强元素</title>
    </head>
    <body>
        <!--figure 元素与 figcaption 元素-->
        <figure>
            <figcaption>亚运风采</figcaption>
            <img src="img/yayun1.png" width="300px" height="200px"/>
            <img src="img/yayun2.png" width="300px" height="200px"/>
            <img src="img/yayun3.png" width="300px" height="200px"
        </figure>
        <!--details 元素和 summary 元素-->
```

```
            <details>
                <summary>亚运金牌榜</summary>
                <ol>
                    <li>中国</li>
                    <li>日本</li>
                    <li>韩国</li>
                </ol>
            </details>
            <h3>精彩评论</h3>
            <!--mark 元素-->
            <p>这场比赛展现了亚洲各国的文化和体育精神，让我们更加了解和尊重彼此，这是<mark>
亚运会的真正意义</mark>。</p>
            <!--cite 元素-->
            <p>挟一往无前之志，具百折不回之气。<cite>—蔡锷</cite></p>
            <!--progress 元素-->
            <h3>亚运进行时</h3>
            <p><progress value="80" max="100"></progress></p
            <!--meter 元素-->
            <h3>贡献力评分：</h3>
            大头：
            <meter value="90" min="0" max="100" low="60" high="80"
                title="100 分" optimum="100">100</meter>
        </body>
    </html>
```

（3）页面增强元素网页运行效果如图 2-3 所示。

图 2-3　页面增强元素网页运行效果

2.4　表单

2.4.1　表单标签

HTML 表单用于收集用户的输入信息。<form>标签用于为用户输入创建 HTML 表单。表单包含 input 元素，如文本字段、复选框、单选按钮、提交按钮等。表单用于向服务器传输数据。基本语法格式如下：

```
<form action="" method=""></form>
```

1．action 属性

action 属性规定当提交表单时向何处发送表单数据。URL 可以是绝对路径，也可以是相对路径。绝对 URL 指向其他站点，而相对 URL 指向站点内的文件。

2．method 属性

method 属性规定用于发送表单的 HTTP 方法。HTTP 方法有两种：post、get。

2.4.2　表单元素

1．input 元素

input 元素是最重要的表单元素。

基本语法格式如下：

```
<input type="控件类型"/>
```

不同的 type 类型可以表示不同的形态。input 元素的常用属性如表 2-1 所示。

表 2-1　input 元素的常用属性

属性	属性值	描述
type	text	定义常规文本输入，常用的属性有 name、value、maxlength
	password	定义密码输入，内容以圆点的形式显示
	radio	定义单选按钮输入，必须为同一个组中的选项指定相同的 name 值
	checkbox	定义复选框输入，可以选取一个或多个
	submit	定义提交按钮（提交表单）
	reset	定义重置按钮（清空表单数据）
	button	定义普通按钮
	image	默认与提交按钮效果相同，需要使用 src 属性指定图像的 URL 地址
	file	定义文件上传按钮，可供用户选择本地文件上传到服务器中
	hidden	隐藏域对于用户是不可见的，通常用于后台的程序
	email	定义输入 E-mail 地址的文本框
	url	定义输入 URL 地址的文本框
	tel	定义输入电话号码的文本框
	search	定义输入搜索关键词的文本框

续表

属性	属性值		描述
type	color		定义设置颜色的文本框
	number		定义输入数值的文本框
	range		用于提供一定范围内数值的输入范围，在网页中显示为滑动条
	Date pickers（日期类型）	date	选取日、月、年
		month	选取月、年
		week	选取周、年
		time	选取时间（小时和分钟）
		datetime	选取时间、日、月、年（UTC 时间）
		datetime-local	选取时间、日、月、年（本地时间）
autocomplete	on/off		规定 input 元素输入字段是否应该启用自动完成功能
autofocus	autofocus		指定当页面加载时 input 元素是否自动获得焦点
checked	checked		定义当页面加载时被预先选中的 input 元素（只针对 radio 和 checkbox 控件）
disabled	disabled		第一次页面加载时禁用的 input 元素
form	form_id		规定 input 元素所属的一个或多个表单
height	pixels		规定 input 元素的高度（只针对 type="image"的控件）
list	datalist_id		属性引用 datalist 元素，指定字段的候选数据值列表
max	number date		规定 input 元素所允许的最大值
maxlength	number		规定 input 元素中允许输入的最多字符数
min	number date		规定 input 元素所允许的最小值
multiple	multiple		指定 input 元素是否可以选择多个值
name	text		指定 input 元素的名称
pattern	regexp		规定用于验证 input 元素值的正则表达式
placeholder	text		为 input 元素提供输入的提示信息
readonly	readonly		规定输入字段是只读的
required	required		规定提交表单前，输入框内填写的内容不能为空
size	number		指定 input 元素的可见宽度
src	URL		规定显示为提交按钮图像的 URL（只针对 type="image"的控件）
step	number		规定 input 元素的合法数字间隔
value	text		指定 input 元素的默认值
width	pixels		规定 input 元素的宽度（只针对 type="image"的控件）

2．select 元素

select 元素用来创建下拉列表。

其中，option 元素定义了列表中的可用选项。首个选项显示为被选选项。

基本语法格式如下：

```
<select>
        <option>选项名称 1</option>
        <option>选项名称 2</option>
</select>
```

3．textarea 元素

textarea 元素定义多行的文本输入控件。

文本区域中可容纳无限数量的文本，其中文本的默认字体是等宽字体。

基本语法格式如下：

```
<textarea cols="每行中的字符数" rows="显示的行数"></textarea>
```

【技能训练 2-4】表单

【目标要求】通过训练，掌握表单的基本结构、属性和常用控件，能够熟练创建各种类型的表单。

【方法步骤】

（1）打开 HBuilderX 软件，在 chapter2 项目中新建 HTML 文件，将该文件命名为 ex2-4.html。

（2）在 HBuilderX 软件右侧的编辑器中，编写 HTML 代码。

```
<!--表单-->
<!DOCTYPE html>
<html>
<head>
        <meta charset="UTF-8">
<title>表单</title>
</head>
<body>
<h1>用户注册</h1>
<form action="" method="post">
        <p>姓名：<input type="text" name="name" required="required"/></p>
        <p> 密 码 ： <input  type="password"  name="password"  size="30" maxlength="6"/></p>
        <p>性别：<input type="radio" name="sex" checked="checked" />男<input type="radio" name="sex" />女</p>
        <p>兴趣：<input type="checkbox">唱歌
                <input type="checkbox">跳舞
                <input type="checkbox">画画
        </p>
        <p>邮箱：<input type="email" placeholder="***@**.com"/></p>
        <p>电话：<input type="tel"/></p>
        <p>你的生日：<input type="date"></p>
        <p>你所在的城市：
          <select>
                <option>北京</option>
                <option>上海</option>
                <option>南京</option>
                <option>无锡</option>
          </select>
```

```
30.                </p>
31.                <p>上传头像：<input type="file"/></p>
32.                <p>意见建议：<textarea cols="50" rows="10"></textarea></p>
33.                <p><input type="submit" value="提交">
34.                        <input type="reset" value="重置">
35.                        <input type="button" value="普通按钮">
36.                    </p>
37.                </form>
38.            </body>
39.        </html>
```

在上述代码中，通过对 input 元素应用不同的 type 属性值来定义不同类型的 input 控件。同时对其中部分控件应用了其他可选属性。例如，在第 11 行代码中，通过 required 属性规定该字段不能为空；在第 12～13 行代码中，通过 size 和 maxlength 属性规定密码文本框的可见宽度和允许输入的最多字符数；在第 14 行代码中，通过 checked 属性定义单选按钮的默认选中项；在第 20 行代码中，通过 placeholder 属性指定邮箱控件的输入提示信息；第 32 行代码通过 cols 和 rows 属性分别指定多行文本框的行与列所允许的字符数。

（3）表单网页运行效果如图 2-4 所示。

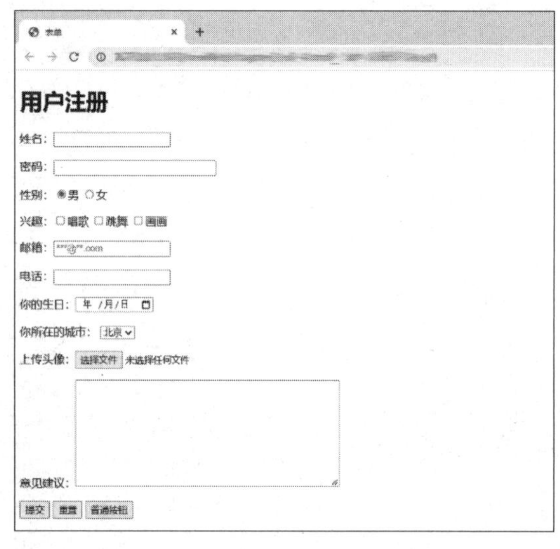

图 2-4　表单网页运行效果

2.5　多媒体标签

2.5.1　音频标签

<audio>标签用来向网页中引入一个外部的音频文件。当引入音频文件时，在默认情况下不允许用户自己控制播放或停止。

基本语法格式如下：

```
<audio src="音频 URL 地址">
您的浏览器不支持<audio>标签。
</audio>
```

或者

```
<audio controls>
  <source src="音频 URL 地址" type="audio/ogg">
您的浏览器不支持<audio>标签。
</audio>
```

<audio>标签的属性如下。

- controls 属性：规定是否允许用户自己控制播放。
- autoplay 属性：规定音频文件是否自动播放。
- loop 属性：规定音频文件是否循环播放。

目前，<audio>标签支持 3 种音频格式：MP3、WAV 和 OGG。具体内容如表 2-2 所示。

表 2-2　<audio>标签支持的 3 种音频格式

浏览器	MP3	WAV	OGG
Internet Explorer 9+	YES	NO	NO
Chrome 6+	YES	YES	YES
Firefox 3.6+	YES	YES	YES
Safari 5+	YES	YES	NO
Opera 10+	YES	YES	YES

【技能训练 2-5】音频标签

【目标要求】通过训练，掌握音频标签的基本用法和属性，能够在网页中引入音频文件并实现播放控制。

【方法步骤】

（1）打开 HBuilderX 软件，在 chapter2 项目中新建 HTML 文件，将该文件命名为 ex2-5.html。

（2）在 HBuilderX 软件右侧的编辑器中，编写 HTML 代码。

```
<!--音频的使用-->
<!DOCTYPE html>
<html>
    <head>
        <meta charset="UTF-8">
        <title>在 HTML5 中使用音频</title>
    </head>
    <body>
        <audio src="../audio/by.mp3" controls="controls" >浏览器不支持音频
</audio>
```

```
11.                <!--<audio controls="controls">
12.                    <source src="../audio/by.mp3"></source>
13.                </audio>-->
14.            </body>
15.        </html>
```

在上述代码中，第 9～10 行代码和第 11～13 行代码分别使用了两种引入外部音频文件的方式。

（3）音频标签网页运行效果如图 2-5 所示。

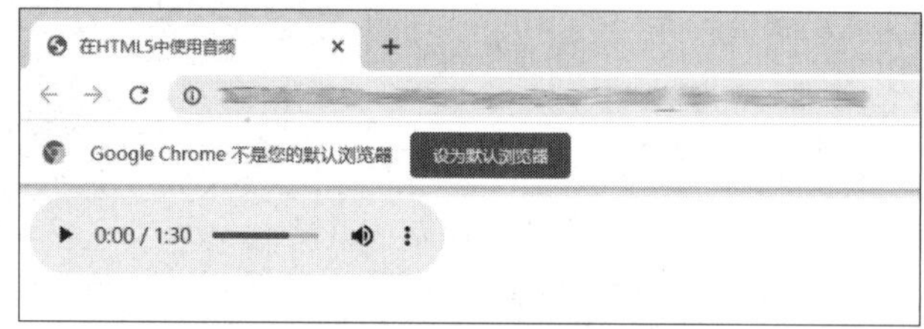

图 2-5　音频标签网页运行效果

2.5.2　视频标签

<video>标签用来向网页中引入一个视频文件，其使用方法和<audio>标签的基本一样，不仅如此，<audio>标签拥有的属性<video>标签也拥有。

基本语法格式如下：

```
<video src="视频 URL 地址">
您的浏览器不支持<video>标签。
</video>
```

或者

```
<video controls>
<source src="视频 URL 地址">
  <source src="视频 URL 地址" type="video/mp4">
您的浏览器不支持<video>标签。
</video>
```

第二种写法是为了避免不同浏览器的兼容性问题。

目前，<video>标签支持 3 种视频格式：MP4、WebM 和 OGG。具体内容如表 2-3 所示。

表 2-3　<video>标签支持的 3 种视频格式

浏览器	MP4	WebM	OGG
Internet Explorer	YES	NO	NO
Chrome	YES	YES	YES
Firefox	YES	YES	YES
Safari	YES	NO	NO
Opera	YES（以 Opera 25 起）	YES	YES

【技能训练 2-6】视频标签

【目标要求】通过训练，掌握视频标签的基本用法和属性，能够在网页中引入视频文件并实现播放控制。

【方法步骤】

（1）打开 HBuilderX 软件，在 chapter2 项目中新建 HTML 文件，将该文件命名为 ex2-6.html。

（2）在 HBuilderX 软件右侧的编辑器中，编写 HTML 代码。

```
1.      <!--视频的使用-->
2.      <!DOCTYPE html>
3.      <html>
4.          <head>
5.              <meta charset="UTF-8">
6.              <title>在 HTML5 中插入视频</title>
7.          </head>
8.          <body>
9.              <video src="video/fd1.mp4" controls="controls" autoplay="autoplay"
10.  loop="loop">
11.                     浏览器不支持 video 视频标签
12.             </video>
13.             <hr />
14.             <video controls="controls">
15.                 <source src="video/fd2.mp4"></source>
16.             </video>
17.         </body>
18.     </html>
```

在上述代码中，第 9～12 行代码和第 14～16 行代码分别使用了两种引入外部视频文件的方式。

（3）视频标签网页运行效果如图 2-6 所示。

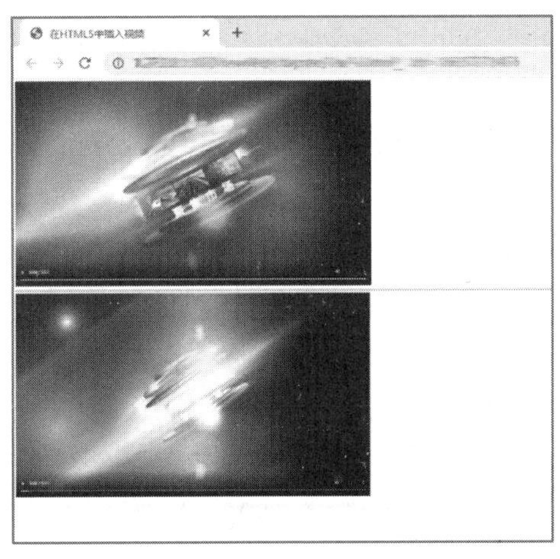

图 2-6　视频标签网页运行效果

小试牛刀

一、单选题

1．input 元素的值是用（　　）属性来描述的。

A．type　　B．disabled　　C．id　　D．value

2．以下（　　）元素可以为<figure>标签添加标题。

A．title　　B．h　　C．figcaption　　D．caption

3．在 HTML5 中，可以对页面标题进行分组的是（　　）。

A．address 元素　　B．hgroup 元素　　C．section 元素　　D．nav 元素

4．阅读以下代码段，可知（　　）。

```
<input type="text" name="text>
<input type="radio" name="radio" value="女">
<input type="checkbox" name="checkbox" value="checkbox">
<input type="file" name="file">
```

A．上述代码表示的表单元素类型分别是：文本框、单选按钮、复选框、文件域

B．上述代码表示的表单元素类型分别是：文本框、复选框、单选按钮、文件域

C．上述代码表示的表单元素类型分别是：密码框、多选按钮、复选框、文件域

D．上述代码表示的表单元素类型分别是：文本框、单选按钮、下拉列表框、文件域

5．HTML5 不支持的视频格式是（　　）。

A．OGG　　B．MP4　　C．FLV　　D．WebM

二、多选题

1．下列（　　）不是 HTML5 中表单新增的属性。

A．onformchange　　B．onforminput

C．oninput　　D．onreset 方法

2．在<form>标签中，属性 method 的值有（　　）。

A．request　　B．get　　C．post

3．以下属于 HTML5 新增元素的是（　　）。

A．title　　B．output　　C．nav　　D．aside

4．关于语义化的说法不正确的是（　　）。

A．语义化的 HTML 有利于机器的阅读

B．<table>属于过时的标签，当遇到数据列表时，需尽量使用<div>标签来模拟表格

C．语义化是 HTML5 带来的新概念，此前版本的 HTML 无法做到语义化

D．header、article、address 都属于语义化明确的元素

5．在制作 HTML 页面时，页面的布局技术主要分为（　　）。

A．框架布局　　B．表格布局

C．DIV 布局　　D．CSS3 布局

三、判断题

1．如果浏览者没有安装网页上所设置的字体，则会以默认的字体取代网页上原来的字体。

2．由于 Table 布局相比 DIV 布局来说缺点较多，因此在制作网页时应当完全放弃使用 Table 布局。

3．表单元素是指允许用户在表单中加载音频的元素。

4．H5 就是 HTML5 的简称。

5．在图像常用格式中，GIF 格式只能处理 256 种颜色。

项目 3　CSS 基础知识

知识目标

1. 掌握 CSS 基础选择器，能够运用 CSS 选择器定义标签样式
2. 熟悉 CSS 文本格式、边框、列表、表格、图片、背景样式、超链接样式属性
3. 掌握盒子的相关属性，能够制作常见的盒子模型效果
4. 理解元素的浮动，能够为元素设置浮动样式
5. 掌握元素的定位，能够为元素设置常见的定位模式
6. 掌握弹性布局的基本概念、原理和常用属性

技能目标

1. 能使用 CSS 选择器获取网页元素
2. 能使用 CSS 单位、字体样式、文本格式、颜色、背景样式等美化页面样式
3. 能使用 CSS 盒子模型、区块、浮动、定位等设计网页布局

素养目标

1. 激发学生探索求真的精神
2. 培养学生吃苦耐劳、精益求精的工匠精神
3. 培养学生科技强国的家国情怀和担当精神

3.1　CSS 概述

CSS 是指层叠样式表（Cascading Style Sheets），通常单独存放在以“.css”为扩展名的文件中。W3C（万维网联盟）推出的 CSS 标准旨在使 HTML 文档结构和样式分离。目前所有的主流浏览器均支持层叠样式表。

CSS 样式结合 HTML 一起使用，可以起到美化网页的作用，共有 3 种方式。

3.1.1　行内样式

在标签体内使用 style 属性来指定 CSS 代码。

基本语法格式如下：

```
<标签 style="属性 1:属性值 1; 属性 2:属性值 2…"></标签>
```

【技能训练 3-1】行内样式

【目标要求】通过训练，使用行内样式，实现在单个 HTML 元素上直接定义和应用 CSS 样式，以增强网页的外观和用户体验。

【方法步骤】

（1）打开 HBuilderX 软件，新建普通项目 chapter3，在 chapter3 项目中新建 HTML 文件 ex3-1.html。

（2）在 HBuilderX 软件右侧的编辑器中，编写代码。

```
1.    <!--行内样式-->
2.    <!DOCTYPE html>
3.    <html>
4.        <head>
5.            <meta charset="UTF-8">
6.            <title>行内样式</title>
7.        </head>
8.        <body>
9.            <h2 style="font-size: 20px;color: red;">Web 前端开发工程师</h2>
10.       </body>
11.   </html>
```

在上述代码中，第 9 行代码设置<h2>标签的字体为 20 像素，颜色为红色。

（3）行内样式网页运行效果如图 3-1 所示。

图 3-1　行内样式网页运行效果

3.1.2　内部样式

在<head>标签内定义<style>标签，<style>标签体内的内容就是 CSS 代码。

基本语法格式如下：

```
<style>
标签{
属性 1:属性值 1;
属性 2:属性值 2;
…
}
```

```
</style>
```

【技能训练 3-2】内部样式

【目标要求】通过训练，学习创建和使用<style>标签，实现 CSS 样式的内部定义，以便对整个文档或特定部分的元素应用一致的样式规则，提高网页的可读性和可维护性。

【方法步骤】

（1）在 chapter3 项目中，新建文件 ex3-2.html。

（2）在 HBuilderX 软件右侧的编辑器中，编写代码。

```
1.      <!--内部样式-->
2.      <!DOCTYPE html>
3.      <html>
4.          <head>
5.              <meta charset="UTF-8">
6.              <title>内部样式</title>
7.              <style type="text/css">
8.                  h2{
9.                      font-size: 20px;
10.                     color: red;
11.                 }
12.             </style>
13.         </head>
14.         <body>
15.             <h2>Web 前端开发工程师</h2>
16.         </body>
17.     </html>
```

在上述代码中，第 7～12 行代码使用了内部样式，同样设置了<h2>标签的字体为 20px，颜色为红色。

（3）内部样式网页运行效果如图 3-2 所示。

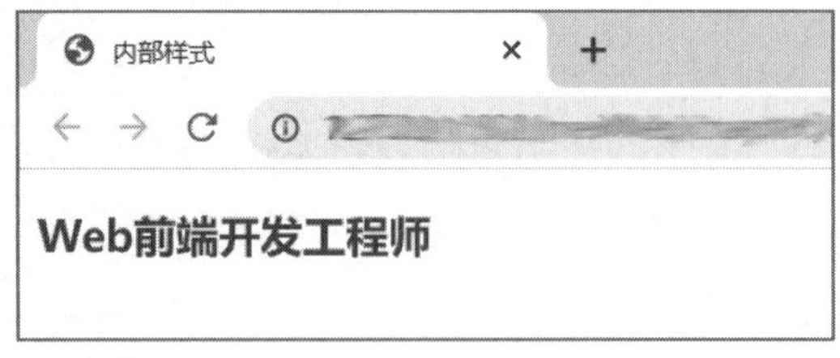

图 3-2　内部样式网页运行效果

3.1.3　外部样式

首先定义外部 CSS 文件，然后在<head></head>标签内使用<link /> 标签引入外部 CSS 文件。

基本语法格式如下：

```
<head>
<link rel="stylesheet" href="style.css" type="text/css" />
</head>
```

其中，href 中链接的是 CSS 文件的地址。

【技能训练 3-3】外部样式

【目标要求】通过训练，学习创建和使用外部 CSS 文件，实现样式与 HTML 内容的分离，使样式能够跨越多个网页重用，提高代码的可维护性和网页性能。

【方法步骤】

（1）在 chapter3 项目中，新建文件 style.css，编写代码。

```
h2 {
    font-size: 20px;
    color: red;
}
```

（2）在 chapter3 项目中，新建文件 ex3-3.html，在 HBuilderX 软件右侧的编辑器中，编写代码。

```
1.  <!--外部样式-->
2.  <!DOCTYPE html>
3.  <html>
4.      <head>
5.          <meta charset="UTF-8">
6.          <title>外部样式</title>
7.          <link rel="stylesheet" href="style.css" type="text/css" />
8.      </head>
9.      <body>
10.         <h2>Web 前端开发工程师</h2>
11.     </body>
12. </html>
```

在上述代码中，第 7 行代码利用<link />标签引入外部 CSS 文件，同样设置了<h2>标签的字体为 20px，颜色为红色。

（3）外部样式网页运行效果如图 3-3 所示。

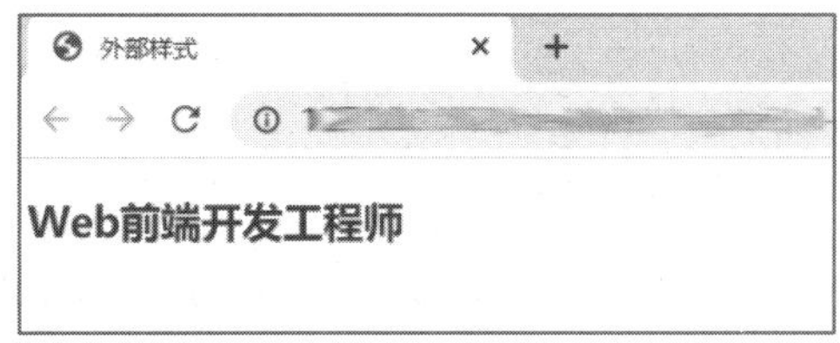

图 3-3　外部样式网页运行效果

【注意】技能训练 3-1、技能训练 3-2、技能训练 3-3 使用不同的方式实现了同样的效果，也充分说明了 CSS 样式使用的灵活性，在实际工作中，应根据场合灵活选取合适的方式。为了方便学习，后续案例中的 CSS 样式均采用内部样式实现。

3.2 CSS 选择器

3.2.1 标签选择器

HTML 中使用标签选择器为页面中某类标签指定 CSS 样式。

基本语法格式如下：

```
标签名{属性 1:属性值 1;属性 2:属性值 2;…}
```

【技能训练 3-4】标签选择器

【目标要求】通过训练，学习使用标签选择器，实现对 HTML 文档中特定标签元素的样式化，确保这些元素具有一致的外观和行为，提升网页的视觉效果和用户体验。

【方法步骤】

（1）在 chapter3 项目中，新建文件 ex3-4.html。

（2）在 HBuilderX 软件右侧的编辑器中，编写代码。

```
<!--标签选择器-->
<!DOCTYPE html>
<html>
    <head>
        <meta charset="UTF-8">
        <title>标签选择器</title>
        <style type="text/css">
            p{
                font-family: "微软雅黑";
                font-size: 12px;
                color: #999;
            }
        </style>
    </head>
    <body>
        <h1>Web 前端开发工程师</h1>
        <hr />
        <h2>具备条件：</h2>
        <p>第一，必须掌握基本的 Web 前端开发技术，其中包括 HTML5、CSS3、
JavaScript、DOM、BOM、AJAX、SEO 等，
            在掌握这些技术的同时，还要清楚地了解它们在不同浏览器上的兼容情况、渲
```

```
22.        染原理和存在的 Bug。</p>
23.                    <p>第二，在一名合格的 Web 前端开发工程师的知识结构中，网站性能优化、SEO 和
24.        服务器的基础知识也是必须掌握的。</p>
25.                    <p>第三，必须学会运用各种工具进行辅助开发。</p>
26.                    <p>第四，除了要掌握技术层面的知识，还要掌握理论层面的知识，包括代码的可维
27.        护性、组件的易用性、分层语义模板
28.                        和浏览器分级支持，等等。</p>
29.              </body>
30.          </html>
```

在上述代码中，第 8～12 行代码使用<p>标签选择器，使用 font-family 属性统一设置了页面中所有 p 段落的字体为微软雅黑，使用 font-size 属性设置字体大小为 12px，使用 color 属性设置字体颜色为灰色。

（3）标签选择器网页运行效果如图 3-4 所示。

图 3-4　标签选择器网页运行效果

3.2.2　类选择器

类选择器为设置对应类属性的选择器指定 CSS 样式。

基本语法格式如下：

```
.类名{属性 1:属性值 1;属性 2:属性值 2;…}
```

同时，在标签中使用<标签 class="类名"></标签>进行类选择器的引用。

【技能训练 3-5】类选择器

【目标要求】通过训练，学习和应用类选择器，实现对 HTML 元素更精确和灵活的样式控制，允许将相同的样式应用于多个不同的元素，提高样式的复用性和可管理性。

【方法步骤】

（1）在 chapter3 项目中，新建文件 ex3-5.html。

（2）在 HBuilderX 软件右侧的编辑器中，编写代码。

```
1.      <!--类选择器-->
2.      <!DOCTYPE html>
3.      <html>
4.          <head>
5.              <meta charset="UTF-8">
6.              <title>类选择器</title>
7.              <style type="text/css">
8.                  .red{
9.                      color: red;
10.                 }
11.                 .green{
12.                     color: green;
13.                 }
14.                 .txt{
15.                     font-size: 20px;
16.                 }
17.                 p{
18.                     text-decoration: underline;
19.                 }
20.             </style>
21.         </head>
22.         <body>
23.             <h1>Web 前端开发工程师</h1>
24.             <hr />
25.             <h2>具备条件：</h2>
26.             <p class="red">第一，必须掌握基本的 Web 前端开发技术，其中包括 HTML5、CSS3、
27.   JavaScript、DOM、BOM、AJAX、SEO 等，
28.                 在掌握这些技术的同时，还要清楚地了解它们在不同浏览器上的兼容情况、渲染原理和
29.   存在的 Bug。</p>
30.             <p class="green">第二，在一名合格的 Web 前端开发工程师的知识结构中，网站性能优
31.   化、SEO 和服务器的基础知识也是必须掌握的。</p>
32.             <p class="txt">第三，必须学会运用各种工具进行辅助开发。</p>
33.             <p class="red txt">第四，除了要掌握技术层面的知识，还要掌握理论层面的知识，包
34.   括代码的可维护性、组件的易用性、分层语义模板
35.                 和浏览器分级支持，等等。</p>
36.         </body>
37.     </html>
```

在上述代码中，使用类选择器为 4 个 p 段落设置了不同的样式，第 8～10 行代码定义了 red 类，设置字体颜色为红色，第 26 行的 p 段落引用了该样式，故第一个段落的字体颜色为红色；第 11～13 行代码定义了 green 类，设置字体颜色为绿色，第 30 行的 p 段落引用了该样式，故第二个 p 段落的字体颜色为绿色；第 14～16 行代码定义了 txt 类，设置字体大小为

20px，第 32 行的 p 段落引用了该样式，故第三个段落的字体大小为 20px；第 17～19 行代码使用<p>标签选择器为所有 p 段落设置了下画线。

而第 33 行代码中 p 段落的类名设置为“"red txt"”，表示同时引用 red 类和 txt 类，故第四个 p 段落的字体颜色为红色，字体大小为 20px。

（3）类选择器网页运行效果如图 3-5 所示。

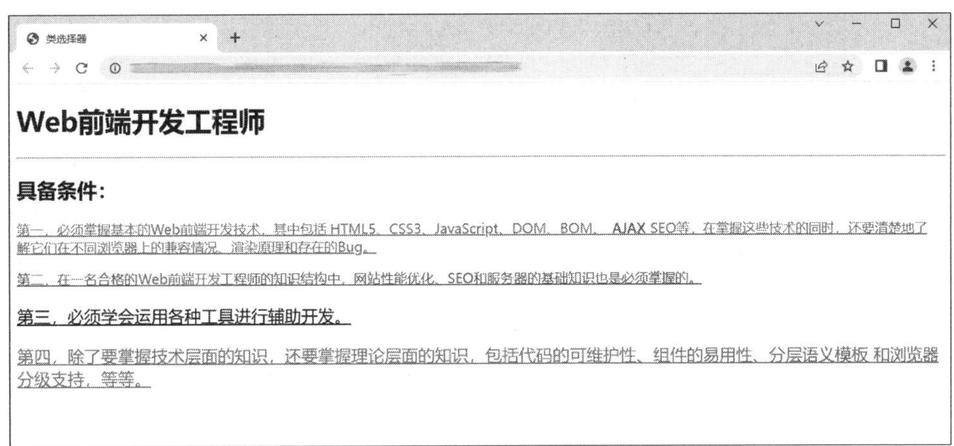

图 3-5　类选择器网页运行效果

3.2.3　id 选择器

id 选择器用于设置对应 id 属性元素的 CSS 样式，用“#”进行标识。

基本语法格式如下：

```
#id名{属性1:属性值1;属性2:属性值2;…}
```

在标签中使用<标签 id="id 名"></标签>进行 id 选择器的引用。

【技能训练 3-6】id 选择器

【目标要求】通过训练，学习使用 id 选择器来定位并应用样式规则，确保唯一性，以便精确控制页面元素。

【方法步骤】

（1）在 chapter3 项目中，新建文件 ex3-6.html。

（2）在 HBuilderX 软件右侧的编辑器中，编写代码。

```
<!--id选择器-->
<!DOCTYPE html>
<html>
    <head>
        <meta charset="UTF-8">
        <title>id选择器</title>
        <style type="text/css">
            #p1{
```

```
9.                  font-weight: bold;
10.             }
11.             #p2{
12.                 font-size: 22px;
13.             }
14.             #p3{
15.                 color: green;
16.             }
17.         </style>
18.     </head>
19.     <body>
20.         <h1>Web 前端开发工程师</h1>
21.         <hr />
22.         <h2>具备条件：</h2>
23.         <p  id="p1">第一，必须掌握基本的 Web 前端开发技术，其中包括 HTML5、CSS3、
24. JavaScript、DOM、BOM、AJAX、SEO 等，
25.             在掌握这些技术的同时，还要清楚地了解它们在不同浏览器上的兼容情况、渲染原理和
26. 存在的 Bug。</p>
27.         <p id="p2">第二，在一名合格的 Web 前端开发工程师的知识结构中，网站性能优化、SEO
28. 和服务器的基础知识也是必须掌握的。</p>
29.         <p  id="p3">第三，必须学会运用各种工具进行辅助开发。</p>
30.         <p>第四，除了要掌握技术层面的知识，还要掌握理论层面的知识，包括代码的可维护性、组
31. 件的易用性、分层语义模板
32.             和浏览器分级支持，等等。</p>
33.     </body>
34. </html>
```

在上述代码中，第 8～16 行代码定义了 id 选择器，设置了加粗、文本字号、颜色等属性。第 23～29 行代码在<p>标签的 id 属性中分别应用了 id 选择器，从而设置了前 3 个段落的样式。

（3）id 选择器网页运行效果如图 3-6 所示。

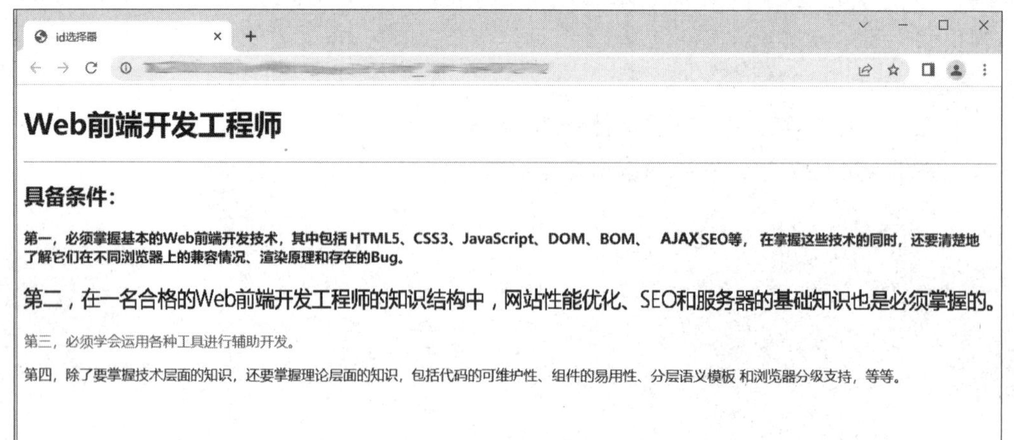

图 3-6　id 选择器网页运行效果

3.2.4　通用选择器

通用选择器，又被称为通配符选择器，它的格式是*，表示匹配程序中所有的元素。

基本语法格式如下：

```
*{属性 1:属性值 1; 属性 2:属性值 2;…}
```

【技能训练 3-7】通用选择器

【目标要求】通过训练，学习使用通用选择器为页面上的所有元素应用统一的样式规则，确保页面元素具有一致的默认样式。

【方法步骤】

（1）在 chapter3 项目中，新建文件 ex3-7.html。

（2）在 HBuilderX 软件右侧的编辑器中，编写代码。

```
<!DOCTYPE html>
<html>
    <head>
        <meta charset="UTF-8">
        <title>通用选择器</title>
        <style type="text/css">
            *{
                margin: 0;
                padding: 0;
                text-align: center;
            }
        </style>
    </head>
    <body>
        <h1>Web 前端开发工程师</h1>
        <hr />
        <h2>具备条件：</h2>
        <p>第一，必须掌握基本的 Web 前端开发技术，其中包括 HTML5、CSS3、JavaScript、
DOM、BOM、AJAX、SEO 等，
            在掌握这些技术的同时，还要清楚地了解它们在不同浏览器上的兼容情况、渲染原理和
存在的 Bug。</p>
        <p>第二，在一名合格的 Web 前端开发工程师的知识结构中，网站性能优化、SEO 和服务器
的基础知识也是必须掌握的。</p>
        <p>第三，必须学会运用各种工具进行辅助开发。</p>
        <p>第四，除了要掌握技术层面的知识，还要掌握理论层面的知识，包括代码的可维护性、组
件的易用性、分层语义模板
            和浏览器分级支持，等等。</p>
    </body>
</html>
```

在上述代码中，第 7～11 行代码使用通用选择器清理了浏览器的默认样式，并设置文本内容居中显示。

【注意】在实际应用中，不建议使用通用选择器，会降低代码的执行速度。

（3）通用选择器网页运行效果如图 3-7 所示。

图 3-7　通用选择器网页运行效果

3.2.5　并集选择器

并集选择器可以选择多组标签，同时对它们的 CSS 样式进行更改。

基本语法格式如下：

```
元素 1,元素 2,元素 3{属性 1:属性值 1; 属性 2:属性值 2;…}
```

【技能训练 3-8】并集选择器

【目标要求】通过训练，学习使用并集选择器同时选择多个具有相似特征或需求的元素，并统一应用样式规则，以提高代码效率。

【方法步骤】

（1）在 chapter3 项目中，新建文件 ex3-8.html。

（2）在 HBuilderX 软件右侧的编辑器中，编写代码。

```
<!DOCTYPE html>
<html>
    <head>
        <meta charset="UTF-8">
        <title>并集选择器</title>
        <style type="text/css">
            h1,h2,p{
                text-align: center;
                color: green;
            }
        </style>
    </head>
    <body>
        <h1>Web 前端开发工程师</h1>
        <hr />
        <h2>具备条件：</h2>
```

```
17.             <p>第一，必须掌握基本的 Web 前端开发技术，其中包括 HTML5、CSS3、JavaScript、
18. DOM、BOM、AJAX、SEO 等，
19.                     在掌握这些技术的同时，还要清楚地了解它们在不同浏览器上的兼容情况、渲染原理和
20. 存在的 Bug。</p>
21.             <p>第二，在一名合格的 Web 前端开发工程师的知识结构中，网站性能优化、SEO 和服务器
22. 的基础知识也是必须掌握的。</p>
23.             <p>第三，必须学会运用各种工具进行辅助开发。</p>
24.             <p>第四，除了要掌握技术层面的知识，还要掌握理论层面的知识，包括代码的可维护性、组
25. 件的易用性、分层语义模板
26.                     和浏览器分级支持，等等。</p>
27.         </body>
28.     </html>
```

在上述代码中，第 7～10 行代码同时对<h1>、<h2>、<p>这 3 个标签设置了文本对齐方式为居中、文字颜色为绿色的属性。

（3）并集选择器网页运行效果如图 3-8 所示。

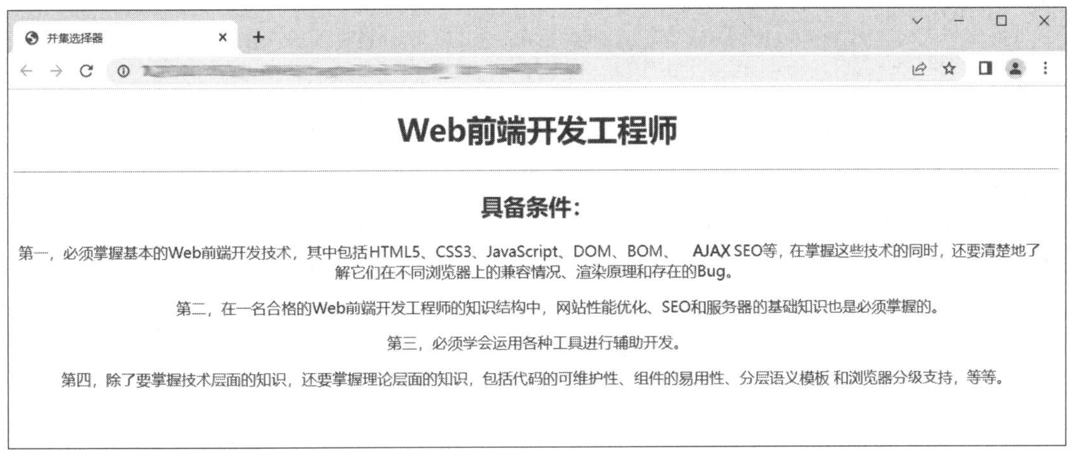

图 3-8　并集选择器网页运行效果

3.2.6　后代选择器

后代选择器为特定元素的后代元素设置 CSS 样式。

基本语法格式如下：

```
元素 1 元素 2{属性 1:属性值 1; 属性 2:属性值 2;…}
```

元素之间使用空格隔开。

【技能训练 3-9】后代选择器

【目标要求】通过训练，学习利用后代选择器选择特定元素的后代元素，以便为这些后代元素应用特定的样式规则，实现样式的精确控制。

【方法步骤】

（1）在 chapter3 项目中，新建文件 ex3-9.html。

（2）在 HBuilderX 软件右侧的编辑器中，编写代码。

```
1.  <!--后代选择器-->
2.  <!DOCTYPE html>
3.  <html>
4.      <head>
5.          <meta charset="UTF-8">
6.          <title>后代选择器</title>
7.          <style type="text/css">
8.              p em{
9.                  color: red;
10.             }
11.         </style>
12.     </head>
13.     <body>
14.         <em>Web 前端开发工程师</em>
15.         <p><em>Web 前端开发工程师</em>，是从事 Web 前端开发工作的工程师。</p>
16.     </body>
17. </html>
```

在上述代码中，第 8～10 行代码为<p>标签的后代元素<em>标签设置文字颜色为红色；第 14 行代码中的<em>标签不属于<p>标签的后代元素，故保留原先的格式；而第 15 行代码中的<em>标签属于<p>标签的后代元素，故而会引用第 8～10 行代码所设置的选择器属性，设置文字颜色为红色。

（3）后代选择器网页运行效果如图 3-9 所示。

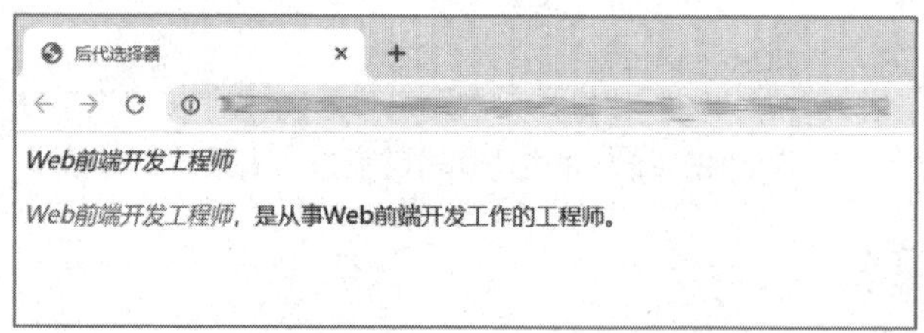

图 3-9　后代选择器网页运行效果

【注意】CCS 选择器的优先级按照以下顺序排列：id 选择器>类选择器>标签选择器>通用选择器。如果有多个选择器作用在同一个元素上，则浏览器会根据优先级来确定应用哪个样式。

3.3　文本格式

CSS 可以用于对文本进行各种格式化和样式设置。一些常见的 CSS 文本格式属性如表 3-1

所示。

表 3-1　CSS 文本格式属性

属性	描述	示例
color	文字颜色，可以使用颜色名称，如 red、blue、yellow 等或使用十六进制值，如#aabbcc，还可以使用 RGB 值，如 rgb(255,0,0)	color:red;
font-family	字体类型，可以写 3 种字体样式，以应对不同浏览器的适用情况	font-family:宋体;
font-size	文字大小	font-size:18px;
font-weight	文字粗细，可以设置 100～700 范围内的数，其中 400 表示默认粗细，700 表示加粗，和 bold 具有相同作用，还可以设置 bolder、lighter、normal 等	font-weight:400;
font-style	字体样式，属性包括 normal、italic、oblique	font-style:normal;
line-height	字体行高	line-height:18px;
text-align	文本对齐，属性包括 center、left、right、justify	text-align:center;
text-indent	文本缩进，正数表示文本向右缩进的距离，反之，负数表示文本向左缩进的距离	text-indent:em2;
text-decoration	添加到文本上的修饰，下画线、上画线、删除线等，属性有 none、underline、overline、line-through、blink、inherit	text-decoration: underline;

这些属性可以通过选择器和 CSS 规则来应用于特定的文本元素或文本块，从而实现对文本的格式化和样式设置。

【技能训练 3-10】文本格式

【目标要求】通过训练，学习利用 CSS 文本格式属性设置和控制网页中文本的显示样式，提高网页的可读性和美观性。

【方法步骤】

（1）在 chapter3 项目中，新建文件 ex3-10.html。

（2）在 HBuilderX 软件右侧的编辑器中，编写代码。

```
<!--文本格式-->
<!DOCTYPE html>
<html>
    <head>
        <meta charset="UTF-8">
        <title>文本格式</title>
        <style type="text/css">
            p{
                color: rgb(4,151,235);
                font-size: 18px;
                font-family: "微软雅黑";
                font-weight: bold;
                font-style: normal;
                line-height: 36px;
                text-align: left;
                text-indent: 2em;
```

```
17.                     /*white-space: nowrap;*/
18.                 }
19.                 h2{
20.                     text-decoration: underline;
21.                 }
22.             </style>
23.         </head>
24.         <body>
25.             <h2>航天梦</h2>
26.             <p>航天梦，体现了人类探索未知、追求卓越的壮志豪情。它承载着人类对宇宙奥秘的渴望，
27.     激发着人类对科技进步的追求。从阿波罗登月到火星探测，从国际空间站到中国空间站，航天梦不断推动
28.     着人类航天事业的发展。让我们携手共进，为实现航天梦而努力奋斗！</p>
29.         </body>
30.     </html>
```

在上述代码中，第 8～18 行代码对 p 段落文本设置了蓝色文字、18px 文字大小、微软雅黑字体、行高 36px，左对齐、首行缩进 2 字符的显示样式；第 19～21 行代码利用文本格式设置<h2>标签文字加下画线的文字效果。

（3）文本格式网页运行效果如图 3-10 所示。

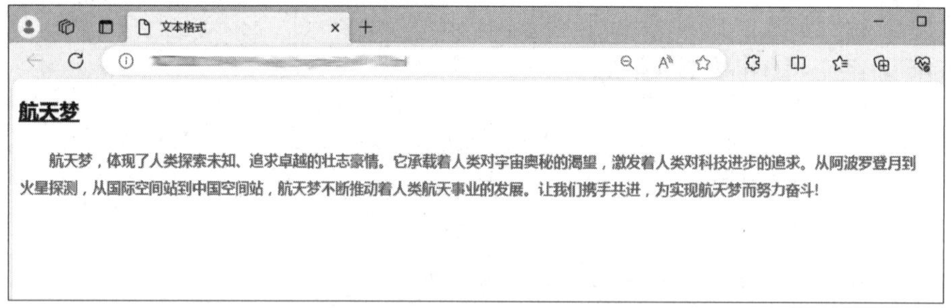

图 3-10　文本格式网页运行效果

3.4　背景样式

CSS 可以用于设置元素的背景样式，常见的 CSS 背景样式属性如表 3-2 所示。

表 3-2　CSS 背景样式属性

属性	描述	取值	示例
background-color	设置背景颜色	可以使用颜色名称，如 red、blue、yellow 等或使用十六进制值，如#aabbcc，还可以使用 RGB 值，如 rgb(255,0,0)。transparent 表示设置背景颜色为透明；inherit 表示从父元素继承对背景颜色的设置	background-color:#ccc; background-color:transparent;

续表

属性	描述	取值	示例
background-image	设置背景图像，在默认情况下浏览器会从元素内容的左上角开始	url 指向图像路径；none 表示不显示背景图像；inherit 表示从父元素继承对背景图像的设置	background-image:url ("../img/bg.jpg");
background-repeat	控制背景图像是否重复	repeat 为默认值，表示背景图像在水平方向和垂直方向重复；repeat-x 表示背景图像在水平方向重复；repeat-y 表示背景图像在垂直方向重复；no-repeat 表示背景图像只显示一次，不重复；inherit 表示从父元素继承对 background-repeat 的设置	background-repeat:repeat;
background-attachment	控制背景图像是否跟随页面元素移动	scroll 为默认值，表示背景图像随页面元素的滚动而移动；fixed 表示当其他页面元素滚动时，背景图像位置固定不动	background-attachment:fixed;
background-position	控制背景图像的位置	可以使用 left top（左上）、left center（左中）、left bottom（左下）、right top（右上）、right center（右中）、right bottom（右下）、center top（中上）、center center（居中）、center bottom（中下）来表示；也可以使用 x% y% 或 x px y px 来表示	background-position: left top;
background-size	设置背景图像的尺寸	length 用于设置背景图片的高度和宽度；percentage 用于计算相对于背景定位区域的百分比；cover 表示保持背景图像的纵横比并将背景图像缩放成完全覆盖背景定位区域的最小尺寸；contain 表示保持背景图像的纵横比并将背景图像缩放成适合背景定位区域的最大尺寸	background-size: length|percentage|cover|contain;
background-origin	设置 background-position 属性相对于什么位置来定位背景图像	padding-box 为默认值，表示背景图像相对于内边距框来定位；border-box 表示背景图像相对于边框盒来定位；content-box 表示背景图像相对于内容框来定位	background-origin: padding-box|border-box|content-box;
background-clip	设置背景图像的显示区域	border-box 为默认值，表示背景图像被裁剪到边框盒；padding-box 表示背景图像被裁剪到内边距框；content-box 表示背景图像被裁剪到内容框	background-clip: border-box|padding-box|content-box;

续表

属性	描述	取值	示例
background	简写属性，用于在一行内设置所有的背景属性		background:bg-color bg-image position/bg-size bg-repeat bg-origin bg-clip bg-attachment initial|inherit;

这些属性可以应用于任何元素，从而实现不同的背景样式，如纯色背景、图片背景、渐变背景等。可以通过选择器和 CSS 规则来设置特定元素的背景样式。

【技能训练 3-11】背景样式

【目标要求】通过训练，熟练掌握并能够灵活运用各种背景样式的设置方法，以提升网页设计的视觉效果和用户体验。

【方法步骤】

（1）在 chapter3 项目中，新建文件 ex3-11.html。

（2）在 HBuilderX 软件右侧的编辑器中，编写代码。

```
<!--背景样式-->
<!DOCTYPE html>
<html>
    <head>
        <meta charset="UTF-8">
        <title>背景样式</title>
        <style type="text/css">
            body {
                background-color: #ccc;
                background-image: url(image/bj.jpg);
                background-repeat: no-repeat;
                background-position: 0px 0px;
                /*left top*/
                background-attachment: fixed;
                color: #ffffff;
            }
            p {
                font-size: 18px;
                font-family: "微软雅黑";
                font-weight: bold;
                font-style: normal;
                text-align: left;
                text-indent: 2em;
            }
            h2 {
                font-family: "微软雅黑";
                color: #fff;
                background-color: #3297f5;
```

```
29.                 width: 260px;
30.                 height: 40px;
31.                 line-height: 40px;
32.             }
33.             .line{
34.                 width: 320px;
35.                 height: 3px;
36.                 background-color: #ccc;
37.             }
38.         </style>
39.     </head>
40.     <body>
41.         <h2>嫦娥系列——探月工程</h2>
42.         <p>嫦娥一号——探月工程开端</p>
43.         <p class="line"></p>
44.         <p>嫦娥二号——小行星探测的先行者</p>
45.         <p class="line"></p>
46.         <p>嫦娥三号——成功实现落月梦想</p>
47.         <p class="line"></p>
48.         <p>嫦娥四号——揭开月球背面的秘密</p>
49.         <p class="line"></p>
50.         <p>嫦娥五号——月球取土</p>
51.         <p class="line"></p>
52.     </body>
53. </html>
```

在上述代码中，第 8～16 行代码通过 body 选择器设置了页面背景颜色为灰色，背景图像引用 bj.jpg，背景图像的位置在左上角，不随其他页面元素的滚动而移动；第 25～32 行代码通过 h2 选择器设置了文本“嫦娥系列——探月工程”的背景颜色为蓝色；第 33～37 行代码使用 line 类通过背景颜色的设置形成分割线的效果。

（3）背景样式网页运行效果如图 3-11 所示。

图 3-11　背景样式网页运行效果

3.5 盒子模型

所谓盒子模型，就是把 HTML 页面中的布局元素看作一个矩形的盒子，也就是一个盛装内容的容器。盒子模型的组成如图 3-12 所示。

CSS 盒子模型本质上是一个盒子，用于封装周围的 HTML 元素，盒子由 4 个属性组成，从内到外分别是：内容 content、内边距 padding、边框 border、外边距 margin。

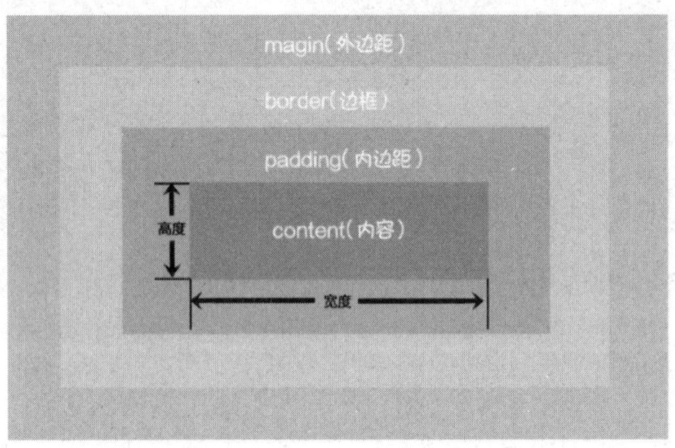

图 3-12 盒子模型的组成

3.5.1 边框 border

border 属性用于设置元素的边框。它可以控制元素的边框样式、宽度和颜色。border 属性可以分别设置上、右、下、左 4 个方向的边框，也可以一次性设置所有方向的边框。例如：border-top、border-right、border-bottom、border-left。边框样式可以使用实线、虚线、点线等样式进行设置，边框宽度可以使用像素、百分比等形式进行设置，边框颜色可以使用颜色名称、RGB 值、十六进制值等方式进行设置。

基本语法格式如下：

```
border : border-width || border-style || border-color;
```

- 边框会影响盒子的实际大小。
- 边框会额外增加盒子的实际大小，有以下两种解决方法。

（1）在测量盒子大小时，不测量边框宽度。

（2）如果在测量盒子大小时测量了边框宽度，则高度/宽度需要减去边框宽度。

【技能训练 3-12】盒子模型-边框样式

【目标要求】通过训练，熟练掌握各种边框样式的设置方法，以提升网页或设计作品的整体美感，注重细节处理。

【方法步骤】

（1）在 chapter3 项目中，新建文件 ex3-12.html。

（2）在 HBuilderX 软件右侧的编辑器中，编写代码。

```
1.      <!--盒子模型-边框样式-->
2.      <!DOCTYPE html>
3.      <html>
4.          <head>
5.              <meta charset="UTF-8">
6.              <title>盒子模型-边框样式</title>
7.              <style type="text/css">
8.                  .text1{
9.                      border-style: solid;  /*实线:solid;虚线:dashed;点线:dotted*/
10.                     border-color:#3297f5;
11.                     border-width:5px ;
12.                 }
13.                 .text2{
14.                     border-style: dashed;
15.                     border-color:aqua red  darkgoldenrod blanchedalmond;
16.                     border-width:10px 5px ;
17.                 }
18.                 .text3{
19.                     border: dotted 5px coral;  /*复合写法*/
20.                 }
21.             </style>
22.         </head>
23.         <body>
24.             <p class="text1">神舟系列：载人航天</p>
25.             <p class="text2">天宫系列：空间实验室</p>
26.             <p class="text3">天问系列：探测太空</p>
27.         </body>
28.     </html>
```

在上述代码中，第 8～12 行代码对 text1 类的属性进行设置，实现蓝色、宽 5px 的实线边框效果；第 13～17 行代码对 text2 类的属性进行设置，边框为虚线，边框颜色设置了 4 个值，分别表示上边框、右边框、下边框、左边框的颜色，边框宽度设置了两个值，分别表示上、下边框宽度为 10px，左、右边框宽度为 5px；第 18～20 行代码对 text3 类采用了复合写法，表示设置边框样式为点线、宽度为 5px，颜色为珊瑚红。

（3）边框样式网页运行效果如图 3-13 所示。

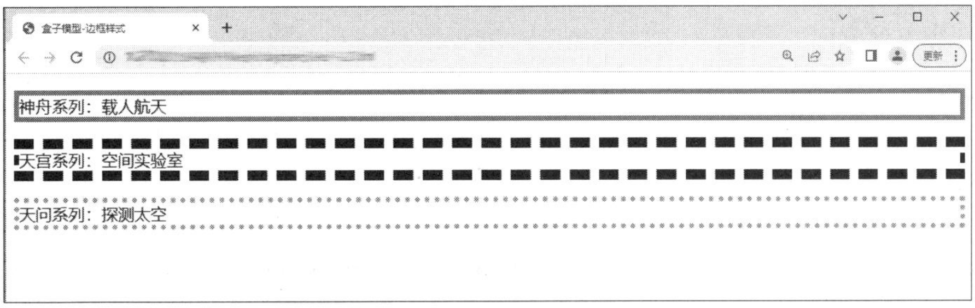

图 3-13　边框样式网页运行效果

3.5.2 内边距 padding

padding 属性用于设置元素的内边距，即可以控制元素内容与元素边框之间的距离。padding 属性可以分别设置上、右、下、左 4 个方向的内边距，也可以一次性设置所有方向的内边距。例如：padding-top、padding-right、padding-bottom、padding-left。内边距可以使用像素、百分比、em 等形式进行设置。内边距属性如表 3-3 所示。

表 3-3 内边距属性

属性	作用
padding-top	上内边距
padding-right	右内边距
padding-bottom	下内边距
padding-left	左内边距

padding 属性的复合写法为 n px，该属性接受 1～4 个值。

- 当指定 1 个值时，该值会统一应用到 4 个方向的内边距上。
- 当指定 2 个值时，第 1 个值会应用到上边和下边的内边距上，第 3 个值会应用到右边和左边的内边距上。
- 当指定 3 个值时，第 1 个值会应用到上边的内边距上，第 2 个值会应用到右边和左边的内边距上，第 3 个值则会应用到下边的内边距上。
- 当指定 4 个值时，这 4 个值会依次（顺时针方向）作为上边、右边、下边和左边的内边距。

【技能训练 3-13】盒子模型-内边距样式

【目标要求】 通过训练，熟练掌握并应用 CSS 样式中的内边距属性，以实现对网页元素内部空间布局的精确控制。

【方法步骤】

（1）在 chapter3 项目中，新建文件 ex3-13.html。

（2）在 HBuilderX 软件右侧的编辑器中，编写代码。

```
<!--盒子模型-内边距样式-->
<!DOCTYPE html>
<html>
    <head>
        <meta charset="UTF-8">
        <title>内边距样式</title>
        <style type="text/css">
            .content {
                background-color: aquamarine;
                color: #fff;
                padding-top: 10px;
                padding-right:2ex;
                padding-bottom: 10%;
```

```
14.                     padding-left: 2em;
15.                     font-size: 30px;
16.                     font-weight: bold;
17.                     /* 复合写法 */
18.                     /* padding: 10px 2ex  10%  2em; */
19.                 }
20.             </style>
21.         </head>
22.         <body>
23.             <h1>天舟系列</h1>
24.             <p class="content">货运飞船</p>
25.         </body>
26.     </html>
```

在上述代码中，第 8～19 行代码通过 content 类选择器设置 p 段落内容的上内边距为 10px、右内边距为 2ex、下内边距为 10%、左内边距为 2em；第 18 行代码采用复合写法定义上、右、下、左内边距的值。

（3）内边距样式网页运行效果如图 3-14 所示。

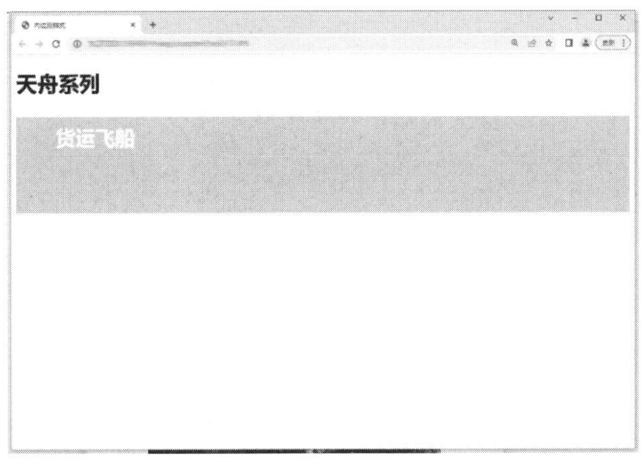

图 3-14　内边距样式网页运行效果

3.5.3　外边距 margin

margin 属性用于设置元素的外边距，即可以控制元素与其周围元素之间的距离。margin 属性可以单独设置上、右、下、左 4 个方向的外边距，也可以一次性设置所有方向的外边距。例如：margin-top、margin-right、margin-bottom、margin-left。外边距可以使用像素、百分比、em 等形式进行设置。

margin 属性的复合写法、代表意义和 padding 属性的一致。

【技能训练 3-14】盒子模型-外边距样式

【目标要求】通过训练，熟练掌握并应用 CSS 样式中的外边距属性，以实现对网页元素之

间距离和布局的精确控制。

【方法步骤】

（1）在 chapter3 项目中，新建文件 ex3-14.html。

（2）在 HBuilderX 软件右侧的编辑器中，编写代码。

```
1.      <!--盒子模型-外边距样式-->
2.      <!DOCTYPE html>
3.      <html>
4.          <head>
5.              <meta charset="UTF-8">
6.              <title>盒子模型-外边距样式</title>
7.              <style type="text/css">
8.                  h2{
9.                       background-color: #3297f5;
10.                      color: #fff;
11.                      margin: 1cm;
12.                 }
13.
14.             </style>
15.         </head>
16.         <body>
17.             <h1>重要人造卫星</h1>
18.             <h2>东方红一号</h2>
19.             <h2>“风云”系列</h2>
20.             <h2>“北斗”系列</h2>
21.             <h2>墨子号</h2>
22.         </body>
23.     </html>
```

在上述代码中，第 11 行代码通过 h2 选择器设置外边距为 1cm，这是复合写法，表示上、右、下、左 4 个方向的外边距都是 1cm。

（3）外边距样式网页运行效果如图 3-15 所示。

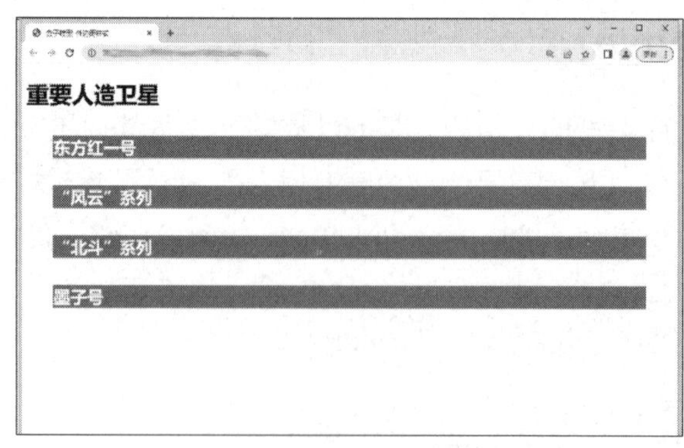

图 3-15　外边距样式网页运行效果

3.6　浮动

3.6.1　浮动布局

float（浮动）属性会使元素向左或向右浮动，其周围的元素也会重新排列。

基本语法格式如下：

```
选择器{
float:属性值;
}
```

float 属性是 CSS 中的一个重要属性，主要用于控制元素在页面上的浮动位置，如表 3-4 所示。

表 3-4　float 属性

属性值	作用
none	元素不浮动（默认）
left	元素向左浮动
right	元素向右浮动

【技能训练 3-15】浮动布局

【目标要求】通过训练，掌握 CSS 的浮动布局技术，能够灵活实现页面元素的水平排列、垂直排列及对齐，确保页面布局的美观和响应式。

【方法步骤】

（1）在 chapter3 项目中，新建文件 ex3-15.html。

（2）在 HBuilderX 软件右侧的编辑器中，编写代码。

```
<!--浮动-->
<!DOCTYPE html>
<html>
    <head>
        <meta charset="UTF-8">
        <title>浮动</title>
        <style type="text/css">
            nav {
                width: 100%;
                height: 50px;
                background-color: #000000;
            }
            ul {
                list-style: none;
                color: #fff;
```

```
16.                     line-height: 50px;
17.                     height: 50px;
18.                 }
19.                 li {
20.                     float: left;
21.                     width: 16%;
22.                 }
23.             </style>
24.         </head>
25.         <body>
26.             <nav>
27.                 <ul>
28.                     <li>神舟系列</li>
29.                     <li>天舟系列</li>
30.                     <li>天宫系列</li>
31.                     <li>嫦娥系列</li>
32.                     <li>天问系列</li>
33.                     <li>重要人造卫星</li>
34.                 </ul>
35.             </nav>
36.     </html>
```

在上述代码中，第 20 行代码通过设置<li>标签的 float 属性为 left，实现列表项横向布局。

（3）浮动布局网页运行效果如图 3-16 所示。

图 3-16　浮动布局网页运行效果

3.6.2　清除浮动

清除浮动是指清除掉元素的 float 属性。

基本语法格式如下：

```
选择器{clear:left|right|both|none;}
```

- left：元素向左浮动。
- right：元素向右浮动。
- both：在左、右两侧不允许浮动元素。
- none：默认值。

【技能训练 3-16】清除浮动

【目标要求】通过训练，学会有效的 CSS 样式设置方法，消除元素浮动带来的布局影响，

确保页面元素按照预期进行排列，维持稳定的页面布局结构。

【方法步骤】

（1）在 chapter3 项目中，新建文件 ex3-16.html。

（2）在 HBuilderX 软件右侧的编辑器中，编写代码。

```
<!--清除浮动-->
<!DOCTYPE html>
<html>
    <head>
        <meta charset="UTF-8">
        <title>清除浮动</title>
        <style type="text/css">
            nav {
                width: 100%;
                height: 50px;
                background-color: #000000;
            }

            ul {
                list-style: none;
                color: #fff;
                line-height: 50px;
                height: 50px;
            }

            li {
                float: left;
                width: 16%;
            }
            img{
                width: 400px;
                height: 260px;
            }
            div{
                float: left;
                text-align: center;
                margin-right: 20px;
            }
            .box2{
                clear:left;
            }
        </style>
    </head>
    <body>
```

```
40.             <nav>
41.                 <ul>
42.                     <li>神舟系列</li>
43.                     <li>天舟系列</li>
44.                     <li>天宫系列</li>
45.                     <li>嫦娥系列</li>
46.                     <li>天问系列</li>
47.                     <li>重要人造卫星</li>
48.                 </ul>
49.             </nav>
50.             <div>
51.                 <h2>神舟系列：载人航天飞船</h2>
52.                 <img  src="image/szxl.jpg"/>
53.             </div>
54.             <div class="box2">
55.                 <h2>天宫系列：空间实验室</h2>
56.                 <img  src="image/tgxl.jpg"/>
57.             </div>
58.             <div>
59.                 <h2>天问系列：探测太空</h2>
60.                 <img  src="image/twxl.jpg"/>
61.             </div>
62.     </html>
```

在上述代码中，第 30 行代码在 div 中设置左浮动，3 个系列的内容横向排列；第 34～36 行代码对第 2 个 div 单独清除了左浮动后，第 2 个 div 回到原来的位置，而第 3 个 div 跟随第 2 个 div 进行浮动排列。

（3）清除浮动网页运行效果如图 3-17 所示。

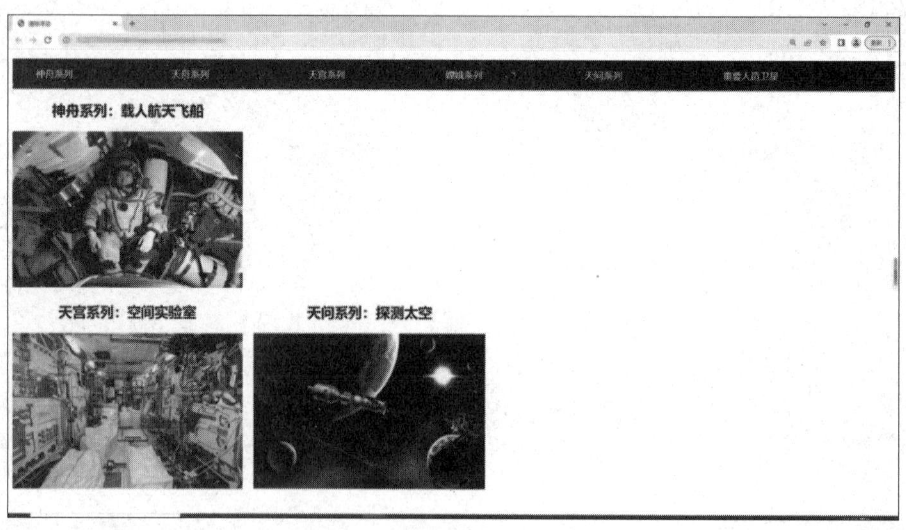

图 3-17　清除浮动网页运行效果

【注意】

（1）浮动通常与标准流的父盒子搭配使用。先使用父元素在标准流中排列上下位置，再在内部元素中使用浮动排列左右位置。

（2）一个元素浮动了，理论上其兄弟元素也应浮动；一个盒子浮动了，理论上其兄弟盒子也应浮动。

（3）浮动的盒子只影响后面的标准流，不影响前面的标准流。

3.7　定位

定位是指将盒子固定在某个位置，定位=定位模式+边偏移。

（1）定位模式用于指定一个元素在文档中的定位方式，它通过 CSS 的 position 属性来设置，其属性值有 4 个，如表 3-5 所示。

表 3-5　position 属性

属性值	描述
static	默认值，静态定位
relative	相对定位
absolute	绝对定位
fixed	固定定位

（2）边偏移用于指定盒子移动到的最终位置，有 4 个属性，如表 3-6 所示。

表 3-6　边偏移属性

边偏移属性	描述	示例
top	顶端偏移量，定义元素相对于其父元素上边线的距离	top:50px;
bottom	底部偏移量，定义元素相对于其父元素下边线的距离	bottom:50px;
left	左侧偏移量，定义元素相对于其父元素左边线的距离	left:50px;
right	右侧偏移量，定义元素相对于其父元素右边线的距离	right:50px;

3.7.1　静态定位

静态定位是默认的定位方式，按照标准流摆放位置，没有边偏移，在布局时很少用到。

基本语法格式如下：

```
选择器{position:static;}
```

3.7.2　相对定位

相对定位是指元素在移动位置时，相对于它原来的位置进行移动。该元素继续占有原来在标准流中的位置，后面的盒子仍然以标准流的方式对待它。

基本语法格式如下：

```
选择器{position:relative;}
```

【技能训练 3-17】相对定位

【目标要求】 通过训练，掌握并应用 CSS 的相对定位，实现对页面元素位置的精确控制，同时保持元素与其正常标准流中的位置关系，确保页面布局的灵活性和可调整性。

【方法步骤】

（1）在 chapter3 项目中，新建文件 ex3-17.html。

（2）在 HBuilderX 软件右侧的编辑器中，编写代码。

```
<!--定位之相对定位-->
<!DOCTYPE html>
<html>
    <head>
        <meta charset="UTF-8">
        <title>相对定位</title>
        <style type="text/css">
            .content{
                width:600px;
                height:620px;
                color:#fff;
                border:2px solid #3297f5;

            }
            .box{
                width: 248px;
                height:200px;
                margin:5px;

            }
            .box1{
                background:url("image/bd01.jpg");
            }
            .box2{
                background:url("image/bd02.jpg");
            }
            .box3{
                background:url("image/bd03.jpg");
            }
            .txt{
                position:relative;
                top:0;
                left:90px;
            }
```

```
35.             </style>
36.         </head>
37.         <body>
38.             <h2>北斗系列：全球导航卫星</h2>
39.             <div class="content">
40.                 <div class="box box1">
41.                     <div class="txt">北斗一号</div>
42.                 </div>
43.                 <div class="box box2">
44.                     <div class="txt">北斗二号</div>
45.                 </div>
46.                 <div class="box box3">
47.                     <div class="txt">北斗三号</div>
48.                 </div>
49.             </div>
50.         </body>
51.     </html>
```

在上述代码中，第 31 行代码对文字类 txt 设置了相对布局，设置顶端偏移量为 0、左侧偏移量为 90px。文字内容相对原来的位置向右移动了 90px，达到了居中的效果，而原来在标准流的位置仍然保留。

（3）相对定位网页运行效果如图 3-18 所示。

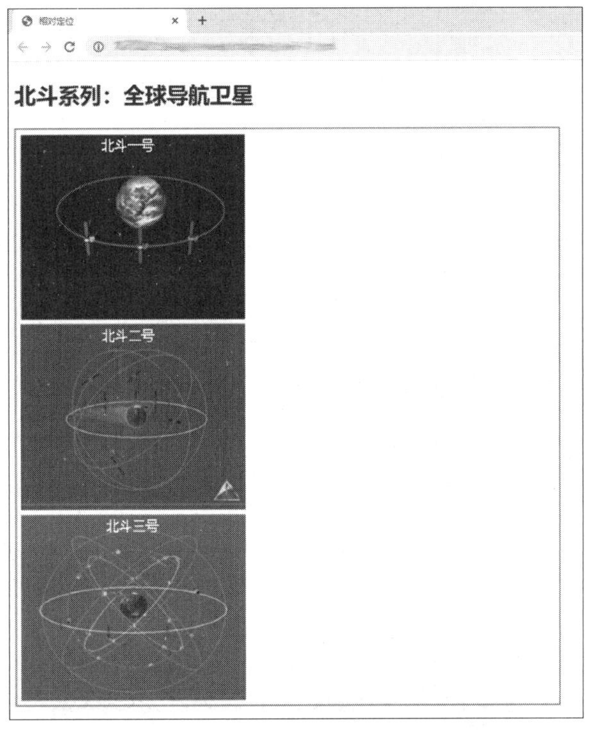

图 3-18　相对定位网页运行效果

3.7.3 绝对定位

绝对定位是元素在移动位置时，相对于它的祖先元素而言的。如果没有祖先元素或者祖先元素没有定位，则以浏览器为标准定位。如果祖先元素有定位（相对、绝对、固定定位），则以最近一级有定位的祖先元素为参考点移动位置。绝对定位是脱离标准流的，不再占有原来的位置。

基本语法格式如下：

```
选择器{position:absolute;}
```

【技能训练 3-18】绝对定位

【目标要求】通过训练，学会使用 CSS 的绝对定位，将页面元素精准地放置在指定的坐标位置上，不受其他元素布局的影响，实现高度自定义和灵活的页面元素布局。

【方法步骤】

（1）在 chapter3 项目中，新建文件 ex3-18.html。

（2）在 HBuilderX 软件右侧的编辑器中，编写代码。

```
<!--定位之绝对定位-->
<!DOCTYPE html>
<html>
    <head>
        <meta charset="UTF-8">
        <title>绝对定位</title>
        <style type="text/css">
                .content{
                    width:600px;
                    height:620px;
                    color:#fff;
                    border:2px solid #3297f5;
                }
                .box{
                    width: 248px;
                    height:200px;
                    margin:5px;
                }
                .box1{
                    background:url("image/bd01.jpg");
                }
                .box2{
                    background:url("image/bd02.jpg");
                }
                .box3{
                    background:url("image/bd03.jpg");
                }
                .txt{
```

```
            position:relative;
            top:0;
            left:90px;
        }
        .article1{
            width:300px;
            height:150px;
            position: absolute;
            top:80px;
            left:270px;
            color: #333;
        }
        .article2{
            width:300px;
            height:150px;
            position: absolute;
            top:300px;
            left:270px;
            color: #333;
        }
        .article3{
            width:300px;
            height:150px;
            position: absolute;
            top:500px;
            left:270px;
            color: #333;
        }
    </style>
</head>
<body>
    <h2>北斗系列：全球导航卫星</h2>
    <div class="content">
        <div class="box box1">
            <div class="txt">北斗一号</div>
            <div class="article1">
                <dl>
                    <dt>区域有源</dt>
                    <dd>解决有无容量受限（54 万次/小时）</dd>
                    <dd>适应中低动态用户</dd>
                    <dd>提供短报文通信</dd>
                </dl>
            </div>
        </div>
        <div class="box box2">
            <div class="txt">北斗二号</div>
            <div class="article2">
```

```
76.                                   <dl>
77.                                       <dt>区域无源</dt>
78.                                       <dd>容量无限</dd>
79.                                       <dd>适应所有动态用户</dd>
80.                                       <dd>提供短报文通信</dd>
81.                                   </dl>
82.                               </div>
83.                           </div>
84.                           <div class="box box3">
85.                               <div class="txt">北斗三号</div>
86.                               <div class="article3">
87.                                   <dl>
88.                                       <dt>全球无源，比肩超越</dt>
89.                                       <dd>精度、可用性全面提升</dd>
90.                                       <dd>星间链路、自主导航创新领先</dd>
91.                                       <dd>用户体验优异、全面国际化</dd>
92.                                   </dl>
93.                               </div>
94.                           </div>
95.                       </div>
96.                   </body>
97.           </html>
```

在上述代码中，第 36 行、44 行、52 行代码利用绝对定位，通过边偏移量的设置，使 3 段文字解释的内容脱离了原来的位置，相对于父框架（浏览器）进行了位置的移动。

（3）绝对定位网页运行效果如图 3-19 所示。

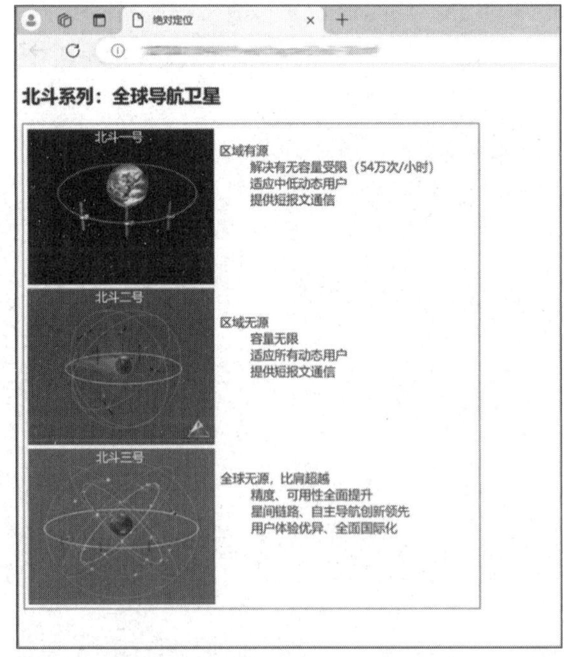

图 3-19　绝对定位网页运行效果

3.7.4　固定定位

固定定位永远是参照浏览器窗口进行定位的，不会随着网页的滚动而移动。

基本语法格式如下：

```
选择器{position:fixed;}
```

【技能训练 3-19】固定定位

【目标要求】通过训练，应用 CSS 的固定定位，使页面元素固定在浏览器窗口的特定位置，即使在网页滚动时也能保持位置固定不变，从而创建始终可见的导航、工具栏或其他关键元素。

【方法步骤】

（1）在 chapter3 项目中，新建文件 ex3-19.html。

（2）在 HBuilderX 软件右侧的编辑器中，编写代码。

```
<!--定位之固定定位-->
<!DOCTYPE html>
<html>
    <head>
        <meta charset="UTF-8">
        <title>固定定位</title>
        <style type="text/css">
                .content{
                    width:600px;
                    height:620px;
                    color:#fff;
                    border:2px solid #3297f5;
                }
                .box{
                    width: 248px;
                    height:200px;
                    margin:5px;
                }
                .box1{
                    background:url("image/bd01.jpg");
                }
                .box2{
                    background:url("image/bd02.jpg");
                }
                .box3{
                    background:url("image/bd03.jpg");
                }
```

```
                .txt{
                    position:relative;
                    top:0;
                    left:90px;
                }
                .article1{
                    width:300px;
                    height:150px;
                    position: absolute;
                    top:80px;
                    left:270px;
                    color: #333;
                }
                .article2{
                    width:300px;
                    height:150px;
                    position: absolute;
                    top:300px;
                    left:270px;
                    color: #333;
                }
                .article3{
                    width:300px;
                    height:150px;
                    position: absolute;
                    top:500px;
                    left:270px;
                    color: #333;
                }
                .tupian{
                    position:fixed;
                    right:100px;
                    top:150px;
                }
            </style>
        </head>
        <body>
            <h2>北斗系列：全球导航卫星</h2>
            <div class="content">
                <div class="box box1">
                    <div class="txt">北斗一号</div>
                    <div class="article1">
```

```
70.                 <dl>
71.                     <dt>区域有源</dt>
72.                     <dd>解决有无容量受限（54 万次/小时）</dd>
73.                     <dd>适应中低动态用户</dd>
74.                     <dd>提供短报文通信</dd>
75.                 </dl>
76.             </div>
77.         </div>
78.         <div class="box box2">
79.             <div class="txt">北斗二号</div>
80.             <div class="article2">
81.                 <dl>
82.                     <dt>区域无源</dt>
83.                     <dd>容量无限</dd>
84.                     <dd>适应所有动态用户</dd>
85.                     <dd>提供短报文通信</dd>
86.                 </dl>
87.             </div>
88.         </div>
89.         <div class="box box3">
90.             <div class="txt">北斗三号</div>
91.             <div class="article3">
92.                 <dl>
93.                     <dt>全球无源，比肩超越</dt>
94.                     <dd>精度、可用性全面提升</dd>
95.                     <dd>星间链路、自主导航创新领先</dd>
96.                     <dd>用户体验优异、全面国际化</dd>
97.                 </dl>
98.             </div>
99.         </div>
100.    </div>
101.    <div class="tupian">
102.        <img src="image/bd.jpg" width="450px" height="400px"/>
103.    </div>
104. </body>
105. </html>
```

本案例在技能训练 3-18 的基础上进行了扩充，第 57～61 行代码通过设置固定定位属性，将图片定位在浏览器窗口的右上角；第 101～103 行代码添加了一幅图片，将“北斗导航图片”部分通过<div>标签进行显示。

（3）固定定位网页运行效果如图 3-20 所示。

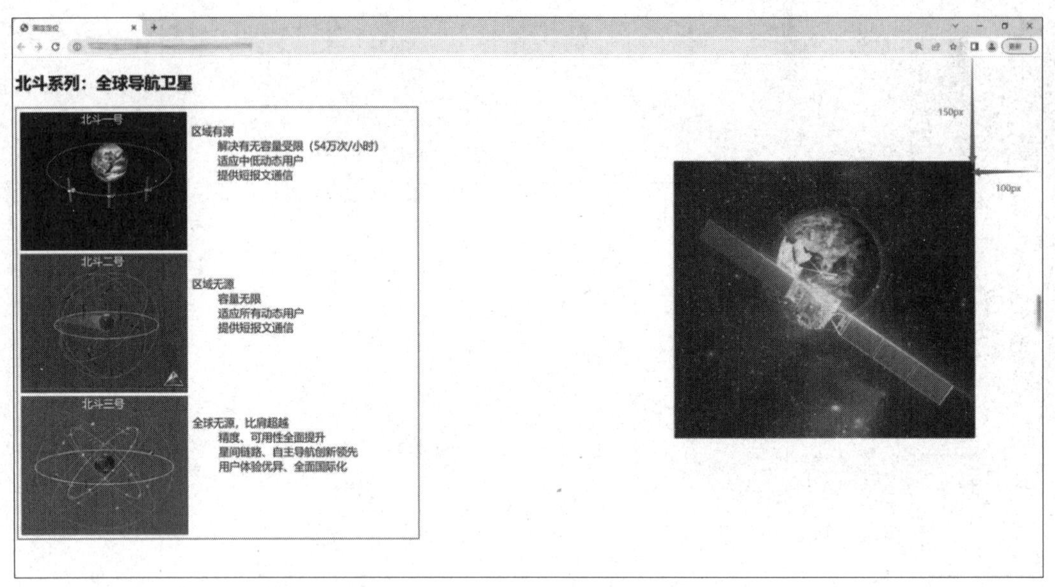

图 3-20　固定定位网页运行效果

3.8　元素的显示和隐藏

CSS 中提供了一些可以使元素显示和隐藏的属性，分别是 display、visibility、overflow、opacity 和 z-index。

3.8.1　display 属性

display 属性用于设置一个元素如何显示，该属性有如下 4 种取值。

（1）none：隐藏元素。

（2）block：将元素转换为块级元素，同时有显示元素的意思。

（3）inline：将元素显示为行内元素，宽度和高度通常由其内容决定，不能直接设置元素的具体宽度和高度。

（4）inline-block：将元素显示为行内块级元素，设置该属性值后，其他的行内块级元素会排列在同一行。

【注意】通过 display 属性隐藏元素后，该元素不再占有原来的位置。

【技能训练 3-20】元素的显示和隐藏（display）

【目标要求】通过训练，掌握 CSS 的 display 属性，能够灵活地控制页面元素的显示和隐藏，以及调整元素的显示方式（如块级显示、内联显示、不显示等），以实现丰富的页面布局和交互效果。

【方法步骤】

（1）在 chapter3 项目中，新建文件 ex3-20.html。

（2）在 HBuilderX 软件右侧的编辑器中，编写代码。

```
1.      <!--元素的显示和隐藏-->
2.      <!DOCTYPE html>
3.      <html>
4.          <head>
5.              <meta charset="UTF-8">
6.              <title>display</title>
7.              <style type="text/css">
8.                  .block_box{
9.                      border:1px solid #0c81f7;
10.                     display:inline-block;
11.                 }
12.                 .inline_box{
13.                     border:1px solid #0c9234;
14.                     display:block;
15.                 }
16.                 .line{
17.                     width:300px;
18.                     height:15px;
19.                     background-color:#ccc;
20.                     display:none;
21.                 }
22.             </style>
23.         </head>
24.         <body>
25.             <div class="block_box">
26.                 天舟系列
27.             </div>
28.             <div class="line"></div>
29.             <span class="inline_box">
30.                 货运飞船
31.             </span>
32.         </body>
33.     </html>
```

在上述代码中，第 10 行代码通过设置 display 属性将原来的块级元素转换为行内块级元素；第 14 行代码将行内元素转换为块级元素。第 20 行代码将两个元素中间的分隔线的显示方式设置为 none，即分隔线不显示，原有的位置被“货运飞船”替代。

（3）元素的显示和隐藏（display）网页运行效果如图 3-21 所示。

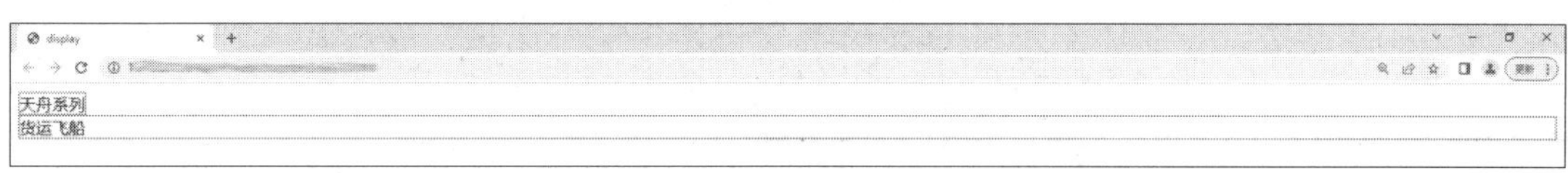

图 3-21　元素的显示和隐藏（display）网页运行效果

3.8.2 visibility 属性

visibility 属性用于指定一个元素应该显示还是隐藏，该属性有如下两种取值。

（1）visible：显示元素。

（2）hidden：隐藏元素。

【注意】通过 visibility 属性隐藏元素后，该元素继续占有原来的位置。

【技能训练 3-21】元素的显示和隐藏（visibility）

【目标要求】通过训练，能够使用 CSS 的 visibility 属性控制页面元素的可见性，实现元素隐藏和元素显示的切换，同时保持元素在布局中的空间占位，以便在需要时恢复元素的显示状态。

【方法步骤】

（1）在 chapter3 项目中，新建文件 ex3-21.html。

（2）在 HBuilderX 软件右侧的编辑器中，编写代码。

```
<!--元素的显示和隐藏-->
<!DOCTYPE html>
<html>
    <head>
        <meta charset="UTF-8">
        <title>visibility</title>
        <style type="text/css">
            .block_box{
                border:1px solid #0c81f7;
                display:inline-block;
            }
            .inline_box{
                border:1px solid #0c9234;
                display:block;
            }
            .line{
                width:300px;
                height:15px;
                background-color:#ccc;
                visibility: hidden;
            }
        </style>
    </head>
    <body>
        <div class="block_box">
            天舟系列
        </div>
```

```
28.             <div class="line"></div>
29.             <span class="inline_box">
30.                 货运飞船
31.             </span>
32.         </body>
33.     </html>
```

本案例与技能训练 3-20 的代码基本相同，不同的是本案例的第 20 行代码使用 visibility 属性，将 line 类设置为隐藏属性，保留其原有位置，内容不可见。

（3）元素的显示和隐藏（visibility）网页运行效果如图 3-22 所示。

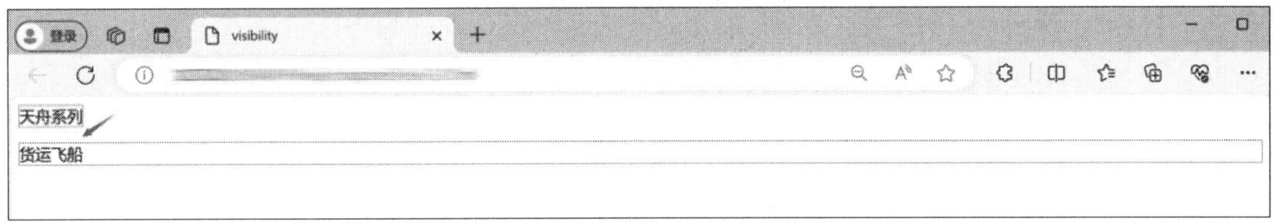

图 3-22　元素的显示和隐藏（visibility）网页运行效果

3.8.3　overflow 属性

overflow 属性在 CSS 中用于控制当一个元素的内容溢出其自身所定义的框(即内容区域)时的展现方式。它主要决定了如何处理元素内部内容溢出其元素框的布局情况，适用于块级元素和替换元素（如图像、内联块级元素等）。该属性有如下 4 种取值。

（1）visible（默认值）：当内容溢出元素框时不被剪裁，会显示出来。

（2）hidden：当内容溢出元素框时会被剪裁，溢出部分不可见。

（3）scroll：不论内容是否溢出，在元素框中始终显示滚动条，用户可以通过滚动条查看所有内容。

（4）auto：当内容溢出元素框时显示滚动条，否则不显示。这是最常见的用法。

【注意】 在一般情况下，不显示溢出部分，因为溢出部分会影响布局。

如果有定位的盒子，则请谨慎使用属性值 hidden，因为它会隐藏溢出部分。

【技能训练 3-22】元素的显示和隐藏（overflow）

【目标要求】 通过训练，能够应用 CSS 的 overflow 属性控制在元素内部内容溢出时的显示方式（如显示溢出部分、隐藏溢出部分、显示滚动条等），以实现对页面元素内容的合理展示和管理。

【方法步骤】

（1）在 chapter3 项目中，新建文件 ex3-22.html。

（2）在 HBuilderX 软件右侧的编辑器中，编写代码。

```
<!--元素的显示和隐藏-->
<!DOCTYPE html>
```

```
    <html>
        <head>
            <meta charset="UTF-8">
            <title>overflow</title>
            <style type="text/css">
                div {
                    float: left;
                    margin-right: 50px;
                    height: 210px;
                    width: 260px;
                }
                .main {
                    width: 1500px;
                    margin: 0 auto;

                }
                img {
                    width: 300px;
                    height: 180px;
                }
                .visible {
                    /* 显示溢出部分 */
                    overflow: visible;
                    background-color:#70a1ff;
                }
                .hidden {
                    /* 隐藏溢出部分 */
                    overflow: hidden;
                    background-color:#70a1ff;
                }
                .scroll {
                    /* 水平方向与垂直方向都出现滚动条，可以滚动显示*/
                    overflow: scroll;
                }
                .auto {
                    /* 有溢出部分会出现滚动条，没有溢出部分则正常显示 */
                    overflow: auto;
                }

            </style>
        </head>
        <body>
            <h1>天舟系列:货运飞船</h1>
            <div class="main">
```

```
47.                 <div class="visible"><img src="image/tz01.jpg" /></div>
48.                 <div class="hidden"><img src="image/tz02.jpg" /></div>
49.                 <div class="scroll"><img src="image/tz03.jpg" /></div>
50.                 <div class="auto"><img src="image/tz04.jpg" /></div>
51.             </div>
52.         </body>
53.     </html>
```

在上述代码中，第 25、30、35、39 行代码分别设置了不同的 overflow 属性值，以展现在内容溢出时的不同效果。

（3）元素的显示和隐藏（overflow）网页运行效果如图 3-23 所示。

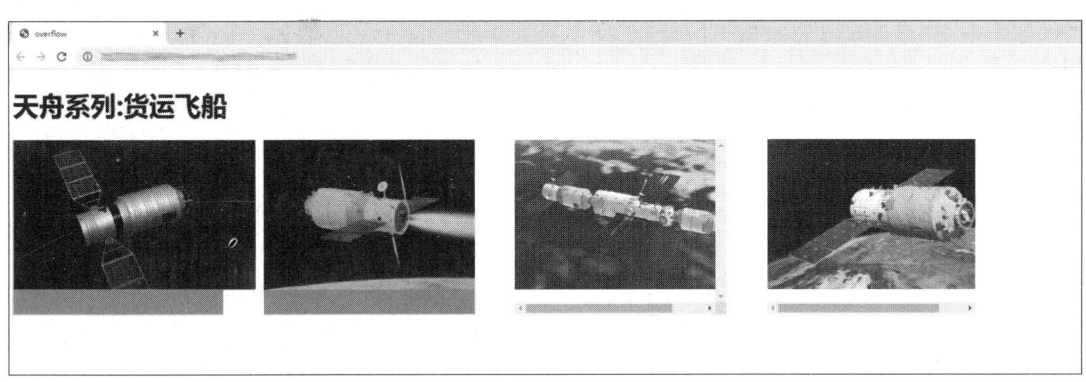

图 3-23　元素的显示和隐藏（overflow）网页运行效果

3.8.4　opacity 属性

opacity 属性用于设置元素的透明度。该属性的取值范围是 0 到 1，其中，0 表示完全透明，而 1 表示完全不透明。可以使用小数值来表示介于完全透明和完全不透明之间的透明度。

基本语法格式如下：

```
opacity:属性值;
```

【技能训练 3-23】元素的显示和隐藏（opacity）

【目标要求】通过训练，掌握 CSS 的 opacity 属性来控制 HTML 元素的透明度，实现元素的显示和隐藏效果。

【方法步骤】

（1）在 chapter3 项目中，新建文件 ex3-23.html。

（2）在 HBuilderX 软件右侧的编辑器中，编写代码。

```
<!--元素的显示和隐藏-->
<!DOCTYPE html>
<html>
    <head>
        <meta charset="UTF-8">
```

```
6.          <title>opacity</title>
7.          <style type="text/css">
8.              .main{
9.                  background-image: url("image/wkh.jpg");
10.                 width: 600px;
11.                 height: 400px;
12.                 color: #fff;
13.                 opacity: 0.75;
14.             }
15.             p{
16.                 font-size: 30px;
17.                 position: relative;
18.                 top: 10px;
19.                 left: 200px;
20.             }
21.         </style>
22.     </head>
23.     <body>
24.         <div class="main">
25.             <p>中国悟空号</p>
26.             <p>——探测暗物质的先锋</p>
27.         </div>
28.     </body>
29. </html>
```

在上述代码中，第 13 行代码设置 main 类的 opacity 属性值为 0.75，产生半透明的效果，如果设置属性值为 0，则会隐藏这部分内容。

（3）元素的显示和隐藏（opacity）网页运行效果如图 3-24 所示。

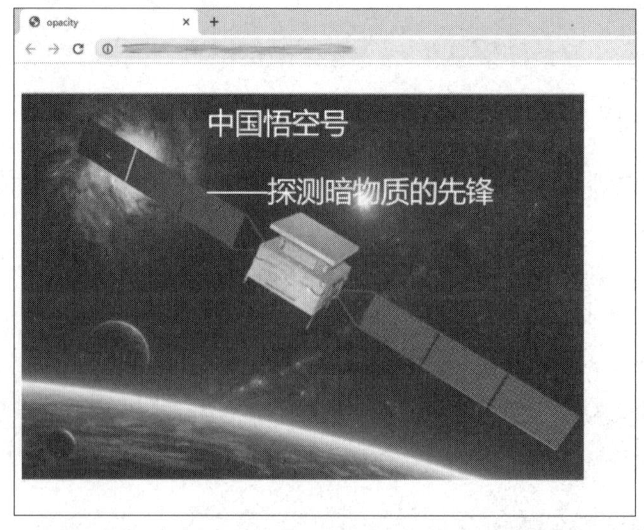

图 3-24　元素的显示和隐藏（opacity）网页运行效果

3.8.5 z-index 属性

z-index 属性是 CSS 中一个重要的属性，用于控制网页元素的堆叠顺序，即决定同一个页面中定位元素（具有非静态定位的元素，如 position: relative、position: absolute 或 position: fixed）在垂直方向上的堆叠层级关系。当多个元素发生堆叠时，z-index 属性可以帮助我们明确指定哪些元素应该显示在其他元素之上或之下。通常 z-index 属性值越大，离用户的距离就越近。

【注意】 z-index 属性值可以是负值，z-index 属性仅在定位元素上有效。

【技能训练 3-24】元素的显示和隐藏（z-index）

【目标要求】 通过训练，学会使用 CSS 的 z-index 属性，实现网页中元素的动态显示、隐藏，以及堆叠顺序的控制。

【方法步骤】

（1）在 chapter3 项目中，新建文件 ex3-24.html。

（2）在 HBuilderX 软件右侧的编辑器中，编写代码。

```
<!--元素的显示和隐藏-->
<!DOCTYPE html>
<html>
    <head>
        <meta charset="UTF-8">
        <title>z-index</title>
        <style type="text/css">
            .container {
                position: absolute;
            }
            .container1 {
                z-index: 1;
            }
            .container2 {
                z-index: 2;
                left: 220px;
            }
            .item {
                position: relative;
                width:500px;
                height: 300px;
                color: #fff;
            }
            .item1 {
                z-index: 999;
                background-image: url("image/tg01.jpg");
            }
```

```
28.             .item2 {
29.                 z-index: 1;
30.                 background-image: url("image/tg02.jpg");
31.             }
32.         </style>
33.     </head>
34.     <body>
35.         <div class="container container1">
36.             <div class="item item1">天宫 1 号</div>
37.         </div>
38.         <div class="container container2">
39.             <div class="item item2">天宫 2 号</div>
40.         </div>
41.     </body>
42. </html>
```

在上述代码中，第 12、15、25、29 行代码分别通过元素的 z-index 属性控制元素显示的层级关系。

（3）元素的显示和隐藏（z-index）网页运行效果如图 3-25 所示。

图 3-25　元素的显示和隐藏（z-index）网页运行效果

3.9　弹性布局

弹性布局 flex 用来为盒子模型提供最大的灵活性。任何一个容器都可以被指定为弹性布局。基本语法格式如下：

```
display:flex/inline-flex;
```

- flex：将对象作为弹性伸缩盒显示。
- inline-flex：将对象作为内联块级弹性伸缩盒显示。

3.9.1　flex 容器属性

1．flex-direction 属性

flex-direction 属性决定主轴的方向（即项目的排列方向），有如下 4 种取值。

- row（默认值）：设置主轴为水平方向，排列方向从左往右。
- row-reverse：设置主轴为水平方向，排列方向从右往左。
- column：设置主轴为垂直方向，排列方向从上往下。
- column-reverse: 设置主轴为垂直方向，排列方向从下往上。

2．flex-wrap 属性

flex-wrap 属性定义子盒子的换行情况，有如下 3 种取值。

- nowrap（默认值）：不换行。
- wrap：换行，第一行在上方。
- wrap-reverse：换行，第一行在下方。

3．flex-flow 属性

flex-flow 属性为 flex-direction 属性和 flex-wrap 属性的简写，默认值为 row nowrap。

基本语法格式如下：

```
flex-flow:<flex-direction> <flex-wrap>;
```

4．justify-content 属性

justify-content 属性设置成员在主轴（如果是水平布局，则主轴是 *X* 轴；如果是垂直布局，则主轴是 *Y* 轴）上的对齐方式，有如下 5 种取值。

- flex-start（默认值）：左对齐。
- flex-end：右对齐。
- center：居中。
- space-between：两端对齐，成员之间的间隔全都相等。
- space-around：每个成员两侧的间隔相等。

5．align-items 属性

align-items 属性定义成员在交叉轴（主轴为 *X* 轴的话，交叉轴就是 *Y* 轴）上的对齐方式，有如下 5 种取值。

- flex-start：与交叉轴的起点对齐。
- flex-end：与交叉轴的终点对齐。
- center：与交叉轴的中点对齐。
- baseline：与成员的第一行文字的基线对齐。
- stretch（默认值）：如果成员未设置高度或设置为 auto，则轴线将占满整个容器的高度。

6. align-content 属性

align-content 属性定义了多根轴线的对齐方式。如果项目只有一根轴线，则该属性不起作用。该属性有如下 6 种取值。

- flex-start：与交叉轴的起点对齐。
- flex-end：与交叉轴的终点对齐。
- center：与交叉轴的中点对齐。
- space-between：与交叉轴的两端对齐，轴线之间的间隔平均分布。
- space-around：每根轴线两侧的间隔都相等。
- stretch（默认值）：轴线占满整个交叉轴。

3.9.2 项目的属性

项目（成员、子盒子）有 6 个属性。

1. order 属性

order 属性定义项目的排列顺序。数值越小，排列顺序越靠前，默认值为 0。

2. flex-grow 属性

flex-grow 属性定义项目的放大比例，默认值为 0，即如果存在剩余空间，则该项目也不放大。

如果所有项目的 flex-grow 属性值都为 1，则它们将等分剩余空间（如果有的话）。如果一个项目的 flex-grow 属性值为 2，其他项目的 flex-grow 属性值都为 1，则前者占据的剩余空间将比其他项目多一倍。

3. flex-shrink 属性

flex-shrink 属性定义项目的缩小比例，默认值为 1，即如果空间不足，则该项目将缩小。

如果所有项目的 flex-shrink 属性值都为 1，则当空间不足时，它们都将等比例缩小。如果一个项目的 flex-shrink 属性值为 0，其他项目的 flex-shrink 属性值都为 1，则当空间不足时，前者不缩小。

4. flex-basis 属性

flex-basis 属性定义了在分配剩余空间之前，项目占据的主轴空间，默认值为 auto。

5. flex 属性

flex 属性是 flex-grow 属性、flex-shrink 属性和 flex-basis 属性的简写，默认值为 0 1 auto。后两个属性可选。

flex:1 表示所有项目将等分剩余空间。

6. align-self 属性

align-self 属性允许单个项目有与其他项目不一样的对齐方式，可覆盖 align-items 属性。默认值为 auto，表示继承父元素的 align-items 属性，如果没有父元素，则等同于 stretch。

该属性有 6 种取值，除了 auto，其他属性值都与 align-items 属性值完全一致。

```
align-self: auto | flex-start | flex-end | center | baseline | stretch;
```

【技能训练 3-25】弹性布局（两端对齐）

【目标要求】 通过训练，使用 CSS 的 flexbox 布局模型，实现容器中元素的两端对齐，确保元素在水平方向上均匀分布或紧密排列。

【方法步骤】

（1）在 chapter3 项目中，新建文件 ex3-25.html。

（2）在 HBuilderX 软件右侧的编辑器中，编写代码。

```
<!--弹性布局-两端对齐-->
<!DOCTYPE html>
<html>
    <head>
        <meta charset="utf-8">
        <title>弹性布局-两端对齐</title>
        <style>
            .container{
                display: flex;
                background-color: #eee;
                justify-content: space-between;
            }
            .item{
                width: 200px;
                height: 200px;
                background-color: #A52A2A;
                color: #fff;
                text-align: center;
                line-height: 200px;
            }
        </style>
    </head>
    <body>
        <h2 style="text-align: center;">重要人造卫星</h2>
        <div class="container">
            <div class="item">东方红一号</div>
            <div class="item">墨子号</div>
            <div class="item">悟空号</div>
            <div class="item">慧眼号</div>
            <div class="item">羲和号</div>
            <div class="item">长征系列</div>
            <div class="item">北斗系列</div>
        </div>
    </body>
```

```
35.    </html>
```

在上述代码中，第 9 行代码为父容器的 div 元素设置了 flex 布局；第 11 行代码通过设置 justify-content 属性值为 space-between，完成两端对齐的布局设计。

（3）弹性布局（两端对齐）网页运行效果如图 3-26 所示。

图 3-26　弹性布局（两端对齐）网页运行效果

【技能训练 3-26】弹性布局（栅格化布局）

【目标要求】通过训练，使用 CSS 的 flexbox 布局模型，实现网页内容的经典栅格化布局，使元素能够根据屏幕尺寸和布局需求灵活调整位置和大小。

【方法步骤】

（1）在 chapter3 项目中，新建文件 ex3-26.html。

（2）在 HBuilderX 软件右侧的编辑器中，编写代码。

```
<!DOCTYPE html>
<html>
    <head>
        <meta charset="utf-8">
        <title>弹性布局-栅格化布局</title>
        <style>
            .container{
                width: 100%;
                height: 600px;
                display: flex;
                background-color: #eee;
            }
            .item{
                background-color: orange;
                margin: 10px;
                text-align: center;
                font-size: 30px;
                color: #333;
                padding-top: 200px;
            }
            .item1,.item3{
```

```
22.                     flex-grow: 1;
23.                 }
24.                 .item2{
25.                     flex-grow: 2;
26.                 }
27.             </style>
28.         </head>
29.         <body>
30.             <div class="container">
31.                 <div class="item item1">天宫一号 </div>
32.                 <div class="item item2">核心舱 (天和) </div>
33.                 <div class="item item3">天宫二号 </div>
34.             </div>
35.         </body>
36.     </html>
```

在上述代码中，第 22、25 行代码通过设置 3 个子项的 flex-grow 属性（也可简写为 flex）实现宽度比为 1∶2∶1，从而实现了经典的栅格化布局。

（3）弹性布局（栅格化布局）网页运行效果如图 3-27 所示。

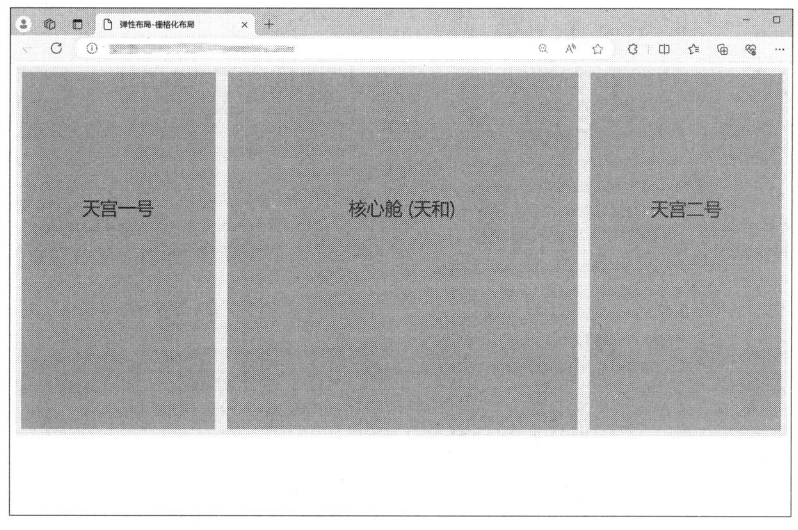

图 3-27　弹性布局（栅格化布局）网页运行效果

【技能训练 3-27】弹性布局（响应式布局）

【目标要求】通过训练，使用 CSS 的 flexbox 布局模型，结合媒体查询，设计并实现网页的响应式布局，确保网页内容能在不同设备和屏幕尺寸下呈现出最佳的效果。

【方法步骤】

（1）在 chapter3 项目中，新建文件 ex3-27.html。

（2）在 HBuilderX 软件右侧的编辑器中，编写代码。

```
<!DOCTYPE html>
<html>
    <head>
        <meta charset="utf-8">
        <title>弹性布局--响应式布局</title>
        <style>
            .container {
                display: flex;
                flex-flow: row wrap;
            }
            .container>* {
                padding: 10px;
                flex: 1 100%;
            }
            .header {
                background-color: indianred;
            }
            .aside_left {
                background-color: moccasin;
            }
            .main {
                background-color: cornflowerblue;
            }
            .aside_right {
                background-color: mistyrose;
            }
            .footer {
                background-color: lightgreen;
                text-align: center;
            }
            @media all and (min-width:800px) {
                .aside {
                    flex: 1 auto;
                }

                .aside_left {
                    order: 1;
                }

                .main {
                    flex: 3 auto;
```

```
                        order: 2;
                    }

                    .aside_right {
                        order: 3;
                    }

                    .footer {
                        order: 4;
                    }
                }
                .nav{
                    list-style: none;
                    color: #fff;
                    line-height: 20px;
                    height: 20px;
                    display: flex;
                    justify-content: space-around;
                }
                a {
                    text-decoration: none;
                    font-weight: bold;
                    color: #333;
                }
                .nav_left{
                    list-style: none;
                    line-height: 40px;
                }
            </style>
        </head>
        <body>
            <div class="container">
                <header class="header">
                    <ul class="nav">
                        <li><a href="">神舟系列</a></li>
                        <li><a href="">天舟系列</a></li>
                        <li><a href="">天宫系列</a></li>
                        <li><a href="">嫦娥系列</a></li>
                        <li><a href="">天问系列</a></li>
                        <li><a href="">重要人造卫星</a></li>
                    </ul>
```

```
        </header>
        <aside class="aside aside_left">
            <h2>神舟系列</h2>
            <ul class="nav_left">
                <li><a href="#sz01">神舟一号到神舟四号</a></li>
                <li><a href="#sz05">神舟五号</a></li>
                <li><a href="#sz06">神舟六号</a></li>
                <li><a href="#sz07">神舟七号</a></li>
                <li><a href="#sz08">神舟八号</a></li>
                <li><a href="#sz09">神舟九号</a></li>
                <li><a href="#sz10">神舟十号</a></li>
                <li><a href="#sz11">神舟十一号</a></li>
                <li><a href="#sz12">神舟十二号</a></li>
                <li><a href="#sz13">神舟十三号</a></li>
                <li><a href="#sz14">神舟十四号</a></li>
                <li><a href="#sz15">神舟十五号</a></li>
            </ul>
        </aside>
        <article class="main">
            <h3 id="sz01">神舟一号到神舟四号是无人飞船。</h3>
            <h3 id="sz05">神舟五号</h3>
            <p>2003 年发射  航天员:杨利伟</p>
            <p>我国首次发射的载人航天飞行器</p>
            <h3 id="sz06">神舟六号</h3>
            <p>2005 年发射  航天员:费俊龙和聂海胜</p>
            <p>首次成功进行多人多天太空飞行试验</p>
            <h3 id="sz07">神舟七号</h3>
            <p>2008 年发射  航天员:翟志刚、刘伯明、景海鹏</p>
            <p>中国成为世界上第三个掌握空间出舱活动技术的国家</p>
            <h3 id="sz08">神舟八号是无人飞船</h3>
            <p>突破和掌握了自动交会对接技术</p>
            <h3 id="sz09">神舟九号</h3>
            <p>2012 年发射  航天员:景海鹏、刘旺、刘洋</p>
            <p>首次载人交会对接</p>
            <h3 id="sz10">神舟十号</h3>
            <p>2013 年发射  航天员:聂海胜、张晓光、王亚平</p>
            <p>王亚平首次太空授课</p>
            <h3 id="sz11">神舟十一号</h3>
            <p>2016 年发射  航天员:景海鹏、陈冬</p>
            <p>创造中国载人航天在轨飞行时间的新纪录</p>
            <h3  id="sz12">神舟十二号</h3>
```

```
124.                  <p>2021 年 6 月发射  航天员:聂海胜、刘伯明、汤洪波</p>
125.                  <ul>
126.                      <li>空间站阶段首次载人飞行任务</li>
127.                      <li>标志着中国人首次进入自己的空间站，也就是天和核心舱</li>
128.                      <li>首次绕飞空间站，并与空间站径向交会</li>
129.                      <li>首次实施载人飞船自主快速交会对接</li>
130.                      <li>首次实现长期在轨停靠 3 个月</li>
131.                      <li>首次具备从不同高度轨道返回东风着陆场的能力</li>
132.                      <li>首次具备天地结合多重保证的应急救援能力</li>
133.                  </ul>
134.                  <h3 id="sz13">神舟十三号</h3>
135.                  <p>2021 年 10 月发射  航天员:翟志刚、王亚平、叶光富 </p>
136.                  <ul>
137.                      <li>标志着空间站关键技术验证阶段任务完美收官</li>
138.                      <li>首次长期在轨驻留 183 天</li>
139.                      <li>空间站运营期间航天员乘组常态化驻留周期</li>
140.                  </ul>
141.                  <h3 id="sz14">神舟十四号</h3>
142.                  <p>2022 年 6 月发射  航天员:陈冬、刘洋 、蔡旭哲</p>
143.                  <ul>
144.                      <li>首次迎来问天实验舱、梦天实验舱、天舟五号货运飞船和神舟十五
145.  号载人飞船的“访问”</li>
146.                      <li>首次实现两艘载人飞船同时在轨，6 名中国航天员齐聚太空</li>
147.                  </ul>
148.                  <h3 id="sz15">神舟十五号</h3>
149.                  <p>2022 年 11 月 29 日发射  航天员:费俊龙、邓清明、张陆</p>
150.                  <p>与神舟十四号航天员乘组进行在轨轮换</p>
151.              </article>
152.              <aside class="aside aside_right">友情链接</aside>
153.              <footer class="footer">版权所有</footer>
154.          </div>
155.      </body>
156.  </html>
```

在上述代码中，第 31～52 代码设置了当浏览器宽度小于 800px 时的布局方式，通过 flex 设置比例、order 设置显示顺序。

（3）浏览器宽度大于 800px 时的网页运行效果如图 3-28 所示，浏览器宽度小于 800px 时的网页运行效果如图 3-29 所示。

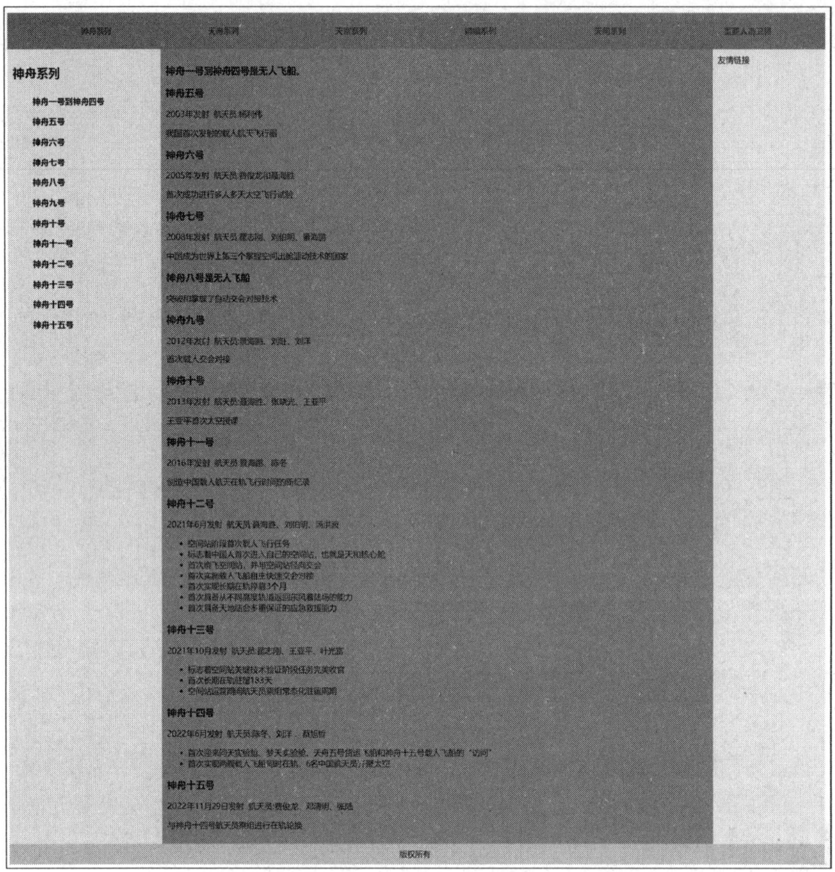

图 3-28　浏览器宽度大于 800px 时的网页运行效果

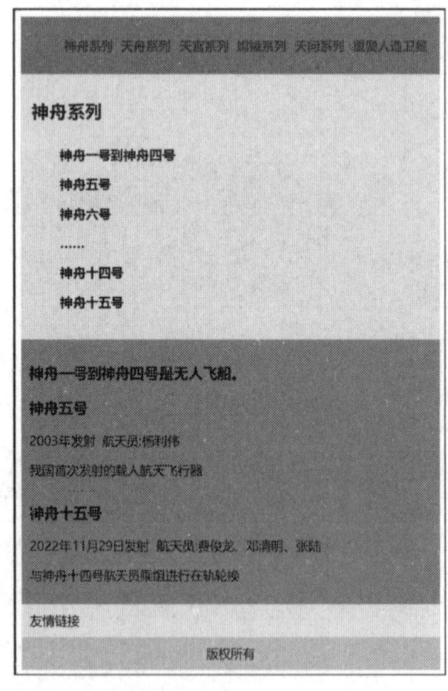

图 3-29　浏览器宽度小于 800px 时的网页运行效果

【注意】弹性布局凭借其灵活性、高效性和简洁性，极大地提升了 Web 布局的便捷性和响应性，是现代企业前端开发最常用的布局方式。

小试牛刀

一、单选题

1．以下能生效的样式选项是（　　）。

```
<style> p{ color:yellow; } .classB{ color:red; } .classA{ color:blue; } </style> <p
class='classB classA'> 123 </p>
```

A．yellow　　B．red　　C．blue　　D．black

2．关于 CSS 样式初始化的原因，描述错误的是（　　）。

A．清除默认样式

B．由于浏览器的内核不同，对标签的默认样式解析不同，导致显示效果不同，因此需要初始化样式

C．和浏览器没有关系，只是规范而已

D．保证每个浏览器页面效果的一致性

3．设置一个 div 元素上、下、左、右 4 个方向的外边距分别为 20px、30px、40px、50px，下列书写正确的是（　　）。

A．padding:20px 30px 40px 50px;　　B．padding:20px 50px 30px 40px;

C．margin:20px 30px 40px 50px;　　D．margin:20px 50px 30px 40px;

4．设置背景颜色为 green，背景图片垂直居中显示，背景图片充满整个区域，但是背景图片不能变形，并且只出现一次，以下书写正确的是（　　）。

A．background:url("../img/img1.jpg") no-repeat center/cover green;

B．background:url("../img/img1.jpg") repeat center/cover green;

C．url("../img/img1.jpg") no-repeat center/100% green;

D．url("../img/img1.jpg") no-repeat center/100% 100% green;

5．关于样式的优先级说法正确的是（　　）。

A．内联样式>!important>内部样式>外部样式>!important

B．!important>内联样式>内部样式>外部样式

C．以上都不正确

二、多选题

1．背景 background 属性包括（　　）。

A．background-size　　B．background-origin

C．text-align　　D．background-clip

2．#wrap{width:600px;height:200px;background:#ccc;position:absolute;}实现 wrap 在浏览器的水平方向和垂直方向上都居中，需要设置的样式有（　　）。

A．margin-left:-300px;margin-top:-100px;

B．left:300px;top:100px;

C．left:50%;top:50%;

D．margin-left:-300px;margin-top:100px;

3．关于 float 属性的特点说法错误的是（　　）。

A．float 属性可以使元素向左或向右移动，也可以向上或向下移动

B．float 属性会占据原有空间

C．清除浮动的作用不大，可以省略

D．给父级元素设置 height 可以清除浮动

4．border-style 用于设置边框样式的属性有（　　）。

A．dotted　　B．dashed　　C．double　　D．solid

5．CSS 的颜色值表达方式主要有（　　）。

A．颜色名称　　B．十六进制值　　C．RGB 值　　D．HSLA 值

三、判断题

1．margin-top 与 padding-top 对行内元素都起作用。

2．padding:10px 只设置上内边距为 10 像素，其他 3 个方向的内边距为 0 像素。

3．设置背景颜色的写法 background:#ccc 等同于 background-color:#ccc。

4．一个 div 中可以插入多个背景图片。

5．任何标签都可以通过添加 style 属性来直接定义它的样式。

项目 4　CSS3 基础知识

知识目标

1. 掌握 CSS3 中新增加的属性选择器，能够运用属性选择器为网页中的元素添加样式
2. 理解关系选择器的用法，能够准确判断元素与元素之间的关系
3. 掌握常用的结构伪类选择器，能够为相同名称的元素定义不同的样式
4. 掌握伪元素选择器的使用方法，能够在页面中插入所需要的文字或图片内容
5. 掌握 CSS 伪类，会使用 CSS 伪类实现超链接特效
6. 掌握 CSS3 中的变形属性，能够制作 2D 转换效果、3D 转换效果
7. 理解过渡属性，能够控制过渡时间、动画快慢等
8. 掌握 CSS3 中的动画，能够熟练制作网页中常见的动画效果

技能目标

1. 能使用 CSS3 新增选择器获取网页元素
2. 能使用 CSS3 边框、颜色、字体、盒阴影、背景、渐变等新特性美化页面样式
3. 能使用 CSS3 动画、过渡等完成网页动态效果
4. 能使用 CSS3 多列布局等设计网页布局
5. 能完成网页元素的旋转、平移、缩放和倾斜效果

素养目标

1. 培养自我管理、持续学习的能力
2. 培养环保意识，树立正确的价值观
3. 培养对新知识、新技术不断挑战和开拓创新的精神

4.1　CSS3 属性选择器

4.1.1　E[att^=value]属性选择器

E[att^=value]属性选择器是指选择名称为 E 的元素，且该元素定义了 att 属性，att 属性值

包含前缀为 value 的字符串。

【注意】E 是可省略的。如果省略，则表示可以匹配满足条件的任意元素。

例如，div[id^="box"]表示匹配包含 id 属性，且 id 属性值是以"box"字符串开头的 div 元素。

【技能训练 4-1】E[att^=value]属性选择器

【目标要求】通过训练，选择具有指定属性且属性值是以特定字符串开头的元素，以便应用特定的样式规则。

【方法步骤】

（1）打开 HBuilderX 软件，新建普通项目 chapter4，在 chapter4 项目中，新建 HTML 文件 ex4-1.html。

（2）在 HBuilderX 软件右侧的编辑器中，编写代码。

```
<!--属性选择器-->
<!DOCTYPE html>
<html>
    <head>
        <meta charset="UTF-8">
        <title>E[att^=value]属性选择器</title>
        <style type="text/css">
            h3[id^="one"]{
                color: red;
                font-family: "微软雅黑";
                font-size: 24px;
            }
            h3[id^="two"]{
                color: green;
                font-family: "微软雅黑";
                font-size: 24px;
            }
        </style>
    </head>
    <body>
        <h3 id="onetwo">做好垃圾分类，人人有责</h3>
        <h3 id="one">厨余垃圾</h3>
        <p>家庭中产生的菜帮菜叶、瓜果皮核、剩菜剩饭、食物残渣、畜禽内脏等易腐垃圾</p>
        <h3 id="two">可回收垃圾</h3>
        <p>已失去原有使用价值，但回收后加工又可以再利用的物品。主要包括废纸类、塑料类、玻璃类、金属类、电子废弃物类、织物类等</p>
        <h3 id="one1">有害垃圾</h3>
        <p>有毒有害物质，主要包括废电池、废荧光灯管、废温度计、废血压计、废药品、废油漆溶剂及其包装物、废杀虫剂、废胶片等
```

```
30.                </p>
31.                <h3 id="two1">其他垃圾</h3>
32.                <p>除厨余垃圾、可回收垃圾、有害垃圾之外的生活垃圾，以及难以辨识类别的生活垃圾</p>
33.            </body>
34.        </html>
```

在上述代码中，第 8～12 行代码设置 id 属性值以"one"字符串开头的 h3 元素的样式属性，第 21、22、27 行代码分别应用该属性；第 13～17 行代码设置 id 属性值以"two"字符串开头的 h3 元素的样式属性，第 24、31 行代码分别应用该属性。

（3）E[att^=value]属性选择器网页运行效果如图 4-1 所示。

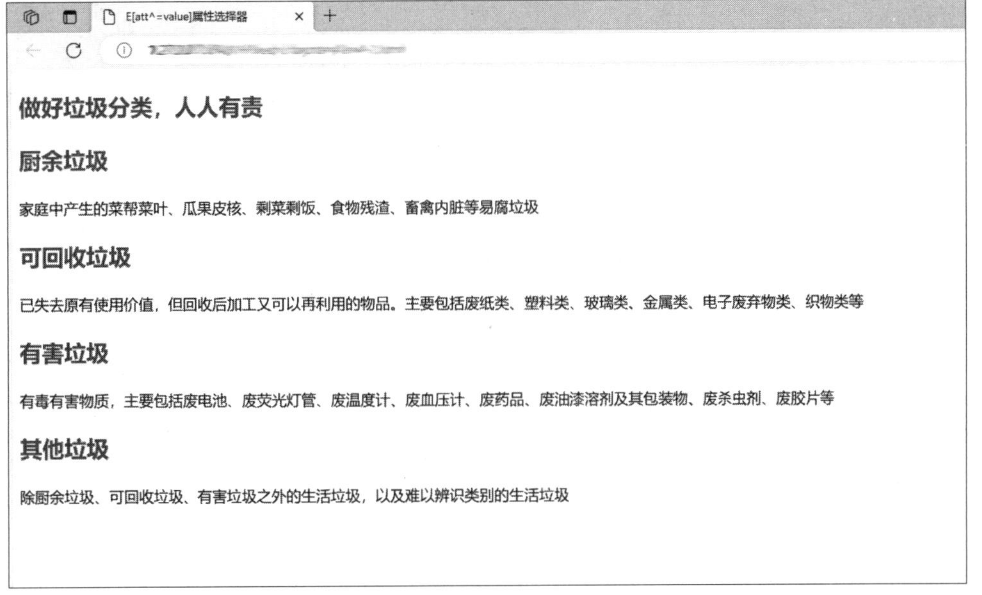

图 4-1　E[att^=value]属性选择器网页运行效果

4.1.2　E[att$=value]属性选择器

E[att$=value]属性选择器是指选择名称为 E 的元素，且该元素定义了 att 属性，att 属性值包含后缀为 value 的字符串。

【注意】E 是可省略的。如果省略，则表示可以匹配满足条件的任意元素。

例如，div[id^="box"]表示匹配包含 id 属性，且 id 属性值是以"box"字符串结尾的 div 元素。

【技能训练 4-2】E[att$=value]属性选择器

【目标要求】通过训练，选择具有指定属性且属性值以特定字符串结尾的元素，以便对这些元素应用特定的样式规则。

【方法步骤】

（1）在 chapter4 项目中，新建文件 ex4-2.html。

（2）在 HBuilderX 软件右侧的编辑器中，编写代码。

```
1.      <!--属性选择器-->
2.      <!DOCTYPE html>
3.      <html>
4.          <head>
5.              <meta charset="UTF-8">
6.              <title>E[att$=value]属性选择器</title>
7.              <style type="text/css">
8.                  h3[id$="one"]{
9.                      color: red;
10.                     font-family: "微软雅黑";
11.                     font-size: 24px;
12.                 }
13.                 h3[id$="two"]{
14.                     color: green;
15.                     font-family: "微软雅黑";
16.                     font-size: 24px;
17.                 }
18.             </style>
19.         </head>
20.         <body>
21.             <h3 id="onetwo">做好垃圾分类，人人有责</h3>
22.             <h3 id="one">厨余垃圾</h3>
23.             <p>家庭中产生的菜帮菜叶、瓜果皮核、剩菜剩饭、食物残渣、畜禽内脏等易腐垃圾</p>
24.             <h3 id="two">可回收垃圾</h3>
25.             <p>已失去原有使用价值，但回收后加工又可以再利用的物品。主要包括废纸类、塑料类、玻
26.   璃类、金属类、电子废弃物类、织物类等</p>
27.             <h3 id="one1">有害垃圾</h3>
28.             <p>有毒有害物质，主要包括废电池、废荧光灯管、废温度计、废血压计、废药品、废油漆溶
29.   剂及其包装物、废杀虫剂、废胶片等
30.             </p>
31.             <h3 id="two1">其他垃圾</h3>
32.             <p>除厨余垃圾、可回收垃圾、有害垃圾之外的生活垃圾，以及难以辨识类别的生活垃圾</p>
33.        </body>
34.     </html>
```

在上述代码中，第 8～12 行代码设置 id 属性值以"one"字符串结尾的 h3 元素的样式属性，第 22 行代码应用该属性；第 13～17 行代码设置 id 属性值以"two"字符串结尾的 h3 元素的样式属性，第 21、24 行代码分别应用该属性。

（3）E[att$=value]属性选择器网页运行效果如图 4-2 所示。

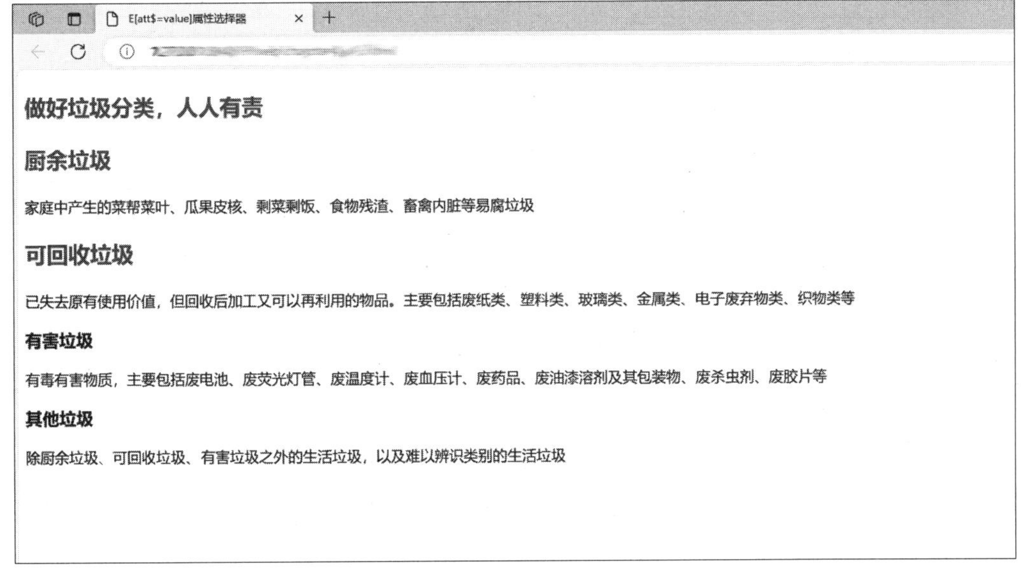

图 4-2　E[att$=value]属性选择器网页运行效果

4.1.3　E[att*=value]属性选择器

E[att*=value]属性选择器用于选择名称为 E 的元素，且该元素定义了 att 属性，att 属性值包含 value 字符串。

【注意】E 是可省略的。如果省略，则表示可以匹配满足条件的任意元素。

例如，div[id*="box"]表示匹配包含 id 属性，且 id 属性值中包含"box"字符串的 div 元素。

【技能训练 4-3】E[att*=value]属性选择器

【目标要求】通过训练，选择具有指定属性且属性值中包含特定字符串的元素，从而能够对这些元素应用特定的样式规则。

【方法步骤】

（1）在 chapter4 项目中，新建文件 ex4-3.html。

（2）在 HBuilderX 软件右侧的编辑器中，编写代码。

```
<!--属性选择器-->
<!DOCTYPE html>
<html>
    <head>
        <meta charset="UTF-8">
        <title>E[att*=value]属性选择器</title>
        <style type="text/css">
            h3[id*="one"]{
                color: red;
                font-family: "微软雅黑";
                font-size: 24px;
```

```
12.                }
13.                h3[id*="two"]{
14.                    color: green;
15.                    font-family: "微软雅黑";
16.                    font-size: 24px;
17.                }
18.            </style>
19.        </head>
20.        <body>
21.            <h3 id="onetwo">做好垃圾分类，人人有责</h3>
22.            <h3 id="one">厨余垃圾</h3>
23.            <p>家庭中产生的菜帮菜叶、瓜果皮核、剩菜剩饭、食物残渣、畜禽内脏等易腐垃圾</p>
24.            <h3 id="two">可回收垃圾</h3>
25.            <p>已失去原有使用价值，但回收后加工又可以再利用的物品。主要包括废纸类、塑料类、玻
26.    璃类、金属类、电子废弃物类、织物类等</p>
27.            <h3 id="one1">有害垃圾</h3>
28.            <p>有毒有害物质，主要包括废电池、废荧光灯管、废温度计、废血压计、废药品、废油漆溶
29.    剂及其包装物、废杀虫剂、废胶片等
30.            </p>
31.            <h3 id="two1">其他垃圾</h3>
32.            <p>除厨余垃圾、可回收垃圾、有害垃圾之外的生活垃圾，以及难以辨识类别的生活垃圾</p>
33.        </body>
34.    </html>
```

在上述代码中，第 8～12 行代码设置 id 属性值包含"one"字符串的 h3 元素的样式属性，第 21、22、27 行代码分别应用该属性；第 13～17 行代码设置 id 属性值包含"two"字符串的 h3 元素的样式属性，第 21、24、31 行代码分别应用该属性。第 21 行代码表示 CSS 样式叠加。

（3）E[att*=value]属性选择器网页运行效果如图 4-3 所示。

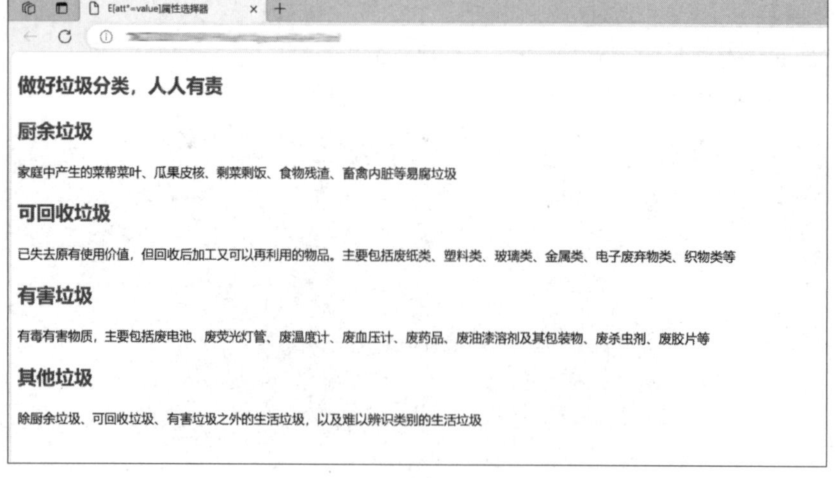

图 4-3　E[att*=value]属性选择器网页运行效果

4.2 CSS3 关系选择器

4.2.1 子代选择器（>）

子代选择器主要用来选择某个元素的第一级子元素。例如，希望选择只作为 h1 元素子元素的 strong 元素，可以这样写：h1>strong。

【技能训练 4-4】子代选择器（>）

【目标要求】通过训练，选择某个元素的第一级子元素，并对这些第一级子元素应用特定的样式规则，以确保样式只影响直接子代元素，而不影响其他后代元素。

【方法步骤】

（1）在 chapter4 项目中，新建文件 ex4-4.html。

（2）在 HBuilderX 软件右侧的编辑器中，编写代码。

```
1.      <!--关系选择器-->
2.      <!DOCTYPE html>
3.      <html>
4.          <head>
5.              <meta charset="UTF-8">
6.              <title>子代选择器(>)</title>
7.              <style type="text/css">
8.                  h1>strong{
9.                      color: red;
10.                     font-family: "华文行楷";
11.                     font-size: 36px;
12.                 }
13.             </style>
14.         </head>
15.         <body>
16.             <h1><strong>可亲可爱</strong>的<strong>好榜样</strong></h1>
17.             <h1>伟大出自<em><strong>平凡</strong></em>，平凡造就<em><strong>伟大
18.   </strong></em>。</h1>
19.         </body>
20.     </html>
```

在上述代码中，第 8～12 行代码设置 h1 元素后的第一级子元素 strong 的样式属性，第 16 行代码中的 strong 元素符合这个层级关系；而第 17～18 行代码中的 strong 元素是 h1 元素的第二级子元素，故不引用该属性。

（3）子代选择器（>）网页运行效果如图 4-4 所示。

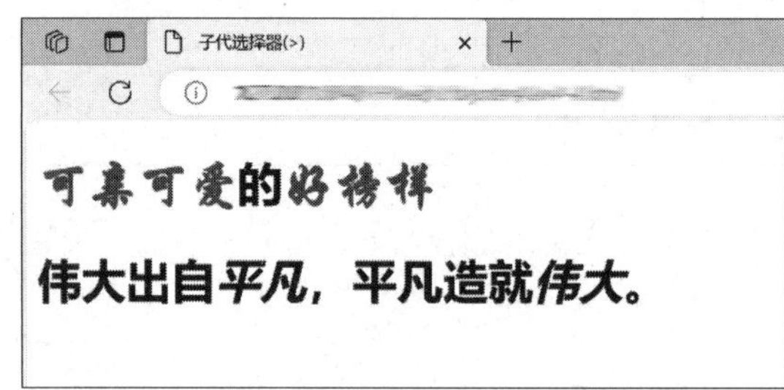

图 4-4　子代选择器（>）网页运行效果

4.2.2　兄弟选择器（～、+）

兄弟选择器用来选择与某个元素位于同一个父元素之中，且位于该元素之后的兄弟元素。兄弟选择器分为普通兄弟选择器和临近兄弟选择器两种。

1. 普通兄弟选择器

普通兄弟选择器使用“～”符号来链接前后两个选择器，可以查找某个元素后面的所有同级元素。

【技能训练 4-5】普通兄弟选择器

【目标要求】 通过训练，选择某个元素后面的所有同级元素，并为这些同级元素应用特定的样式规则，以便在文档树中关联多个相邻的同级元素。

【方法步骤】

（1）在 chapter4 项目中，新建文件 ex4-5.html。

（2）在 HBuilderX 软件右侧的编辑器中，编写代码。

```
<!--兄弟选择器-->
<!DOCTYPE html>
<html>
    <head>
        <meta charset="UTF-8">
        <title>普通兄弟选择器</title>
        <style type="text/css">
            h2~p{
                color: green;
                font-family: "微软雅黑";
                font-size: 20px;
            }
        </style>
    </head>
    <body>
        <h2>《山坡羊·梅》</h2>
```

```
17.                <p>东风袅袅，阴霾渐杳。</p>
18.                <p>霞光千里枝头傲。</p>
19.            </body>
20.        </html>
```

在上述代码中，第 8～12 行代码设置 h2 元素后面的兄弟元素 p 的样式属性，第 17～18 行代码中的 p 元素符合这个关系，所以应用了该属性。

（3）普通兄弟选择器网页运行效果如图 4-5 所示。

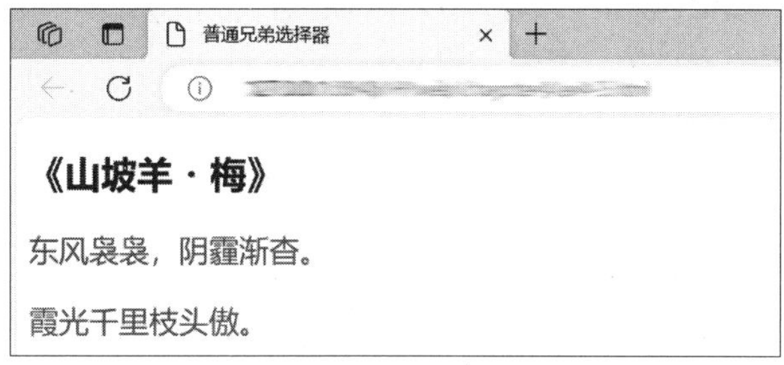

图 4-5　普通兄弟选择器网页运行效果

2. 临近兄弟选择器

临近兄弟选择器使用“+”符号来链接前后两个选择器。选择器中的两个元素有同一个父元素，而且第二个元素必须紧跟第一个元素。

【技能训练 4-6】临近兄弟选择器

【目标要求】通过训练，选择某个元素后面的第一个同级元素，并为其应用特定的样式规则，以便在文档树中直接关联相邻的同级元素。

【方法步骤】

（1）在 chapter4 项目中，新建文件 ex4-6.html。

（2）在 HBuilderX 软件右侧的编辑器中，编写代码。

```
<!--兄弟选择器-->
<!DOCTYPE html>
<html>
    <head>
        <meta charset="UTF-8">
        <title>临近兄弟选择器</title>
        <style type="text/css">
            h2+p{
                color: green;
                font-family: "微软雅黑";
                font-size: 20px;
            }
        </style>
    </head>
```

```
15.         <body>
16.             <h2>《山坡羊・梅》</h2>
17.             <p>东风袅袅，阴霾渐杳。</p>
18.             <p>霞光千里枝头傲。</p>
19.         </body>
20.     </html>
```

在上述代码中，第 8～12 行代码设置 h2 元素后面的第一个兄弟元素 p 的样式属性，第 17 行代码中的 p 元素符合这个关系，所以应用了该属性。

（3）临近兄弟选择器网页运行效果如图 4-6 所示。

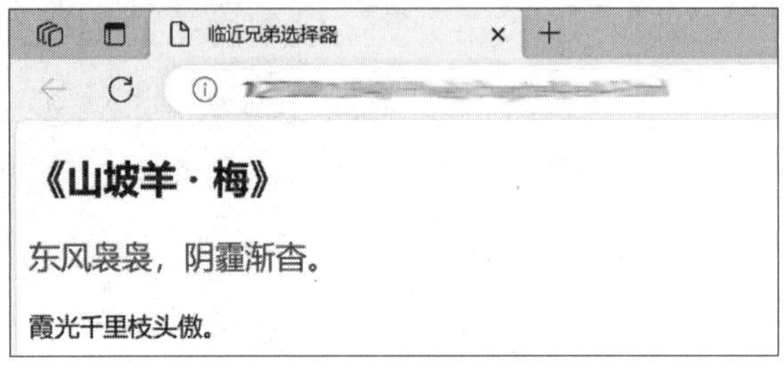

图 4-6　临近兄弟选择器网页运行效果

4.3　结构伪类选择器

CSS3 中的结构伪类选择器是根据 HTML 页面中元素之间的关系来定位 HTML 元素的，从而减少对 HTML 元素 id 属性和 class 属性的依赖。

伪类的名称不区分大小写，但需要以冒号“:”开头。伪类需要与 CSS 中的选择器结合使用，语法格式如下：

```
selector:pseudo-class {
property: value;
}
```

4.3.1　:root 选择器

:root 选择器用于匹配元素的根元素，在 HTML 中，根元素永远是 HTML 元素。

【技能训练 4-7】伪类选择器（:root）

【目标要求】通过训练，学会选择文档的根元素，并为其定义全局变量或样式规则，以便在整个文档范围内应用这些变量或样式。

【方法步骤】

（1）在 chapter4 项目中，新建文件 ex4-7.html。

（2）在 HBuilderX 软件右侧的编辑器中，编写代码。

```
1.      <!--CSS3 结构伪类选择器-->
2.      <!DOCTYPE html>
3.      <html>
4.          <head>
5.              <meta charset="UTF-8">
6.              <title>伪类选择器</title>
7.              <style type="text/css">
8.                  :root{
9.                      color: brown;
10.                 }
11.                 h2{
12.                     color: goldenrod;
13.                 }
14.
15.             </style>
16.         </head>
17.         <body>
18.             <h2>《山坡羊·梅》</h2>
19.             <p>东风袅袅，阴霾渐杳。</p>
20.             <p>霞光千里枝头傲。</p>
21.         </body>
22.     </html>
```

在上述代码中，第 8～10 行代码通过对:root 选择器的属性进行设置，使文档内所有文字的颜色变为棕色，第 11～13 行代码设置<h2>标签内的文字颜色为黄花色。

（3）伪类选择器（:root）网页运行效果如图 4-7 所示。

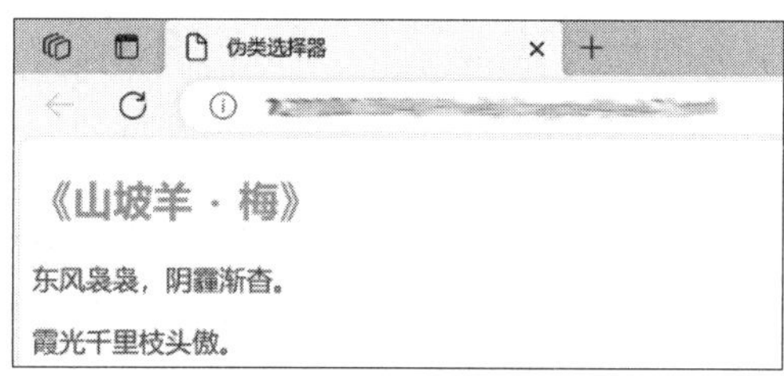

图 4-7　伪类选择器（:root）网页运行效果

4.3.2　:not 选择器

:not 选择器用于去除所有与给定选择器匹配的元素。

【技能训练 4-8】伪类选择器（:not）

【目标要求】通过训练，学会去除满足特定选择器条件的元素，以便为不满足条件的元素应用特定的样式规则，实现更细粒度的样式控制。

【方法步骤】

（1）在 chapter4 项目中，新建文件 ex4-8.html。

（2）在 HBuilderX 软件右侧的编辑器中，编写代码。

```
1.        <!--CSS3 结构伪类选择器-->
2.        <!DOCTYPE html>
3.        <html>
4.            <head>
5.                <meta charset="UTF-8">
6.                <title>伪类选择器</title>
7.                <style type="text/css">
8.                    body *:not(h2){
9.                        color: orange;
10.                       font-size: 20px;
11.                   }
12.               </style>
13.           </head>
14.           <body>
15.               <h2>《山坡羊·梅》</h2>
16.               <p>东风袅袅，阴霾渐杳。</p>
17.               <p>霞光千里枝头傲。</p>
18.           </body>
19.       </html>
```

在上述代码中，第 8～11 行代码用于匹配 body 中除<h2>标签外的元素（也就是所有的 p 元素）的样式属性，设置文字颜色为橙色，字号为 20 号。

（3）伪类选择器（:not）网页运行效果如图 4-8 所示。

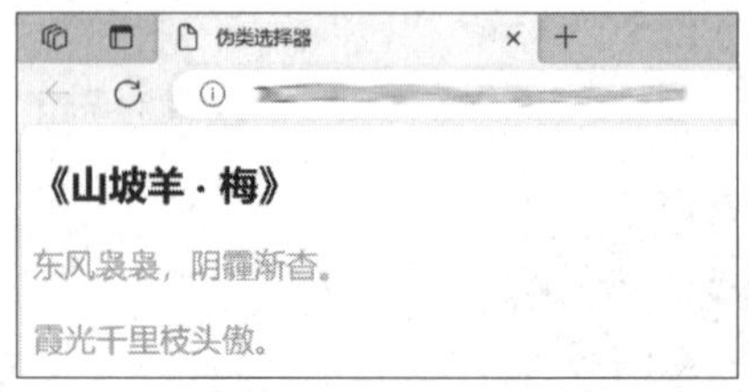

图 4-8　伪类选择器（:not）网页运行效果

4.3.3　子元素选择器

表 4-1 所示为子元素选择器，其允许我们根据元素在父元素中的位置选择特定的元素。

表 4-1　子元素选择器

选择器名	示例	含义
:first-child	p:first-child	匹配父元素中的第一个子元素 p，p 必须是父元素中的第一个子元素
:last-child	p:last-child	匹配父元素中的最后一个子元素 p，p 必须是父元素中的最后一个子元素
:nth-child(n)	p:nth-child(2)	匹配父元素中的第二个子元素 p，p 必须是父元素中的第二个子元素

续表

选择器名	示例	含义
:nth-last-child(n)	p:nth-last-child(2)	匹配父元素中的倒数第二个子元素 p，p 必须是父元素中的倒数第二个子元素
:only-child	p:only-child	匹配父元素唯一的子元素 p，p 必须是父元素唯一的子元素
:empty	p:empty	匹配任何没有子元素的 p 元素
:link	a:link	匹配所有未被访问的链接
:active	a:active	匹配被单击的链接
:hover	a:hover	匹配鼠标指针悬停在其上的链接
:visited	a:visited	匹配所有已被访问的链接

【技能训练 4-9】子元素选择器

【目标要求】通过训练，学会根据元素的位置（如第一个子元素、最后一个子元素等）来选择元素，并应用相应的样式规则，以提供丰富的交互效果和样式定制。

【方法步骤】

（1）在 chapter4 项目中，新建文件 ex4-9.html。

（2）在 HBuilderX 软件右侧的编辑器中，编写代码。

```
<!--结构伪类选择器-->
<!DOCTYPE html>
<html>
    <head>
        <meta charset="UTF-8">
        <title>子元素选择器</title>
        <style type="text/css">
            h1{
                text-align: center;
            }
            ul{
                list-style: none;
            }
            li{
                display: inline-block;
                width: 25%;
                height:492px;
                float: left;
                background: #fff;
            }
            ul li:first-child{
                background:rgb(255,255,255) url(image/khsw.png) no-repeat;
            }
            ul li:nth-child(2){
```

```
25.                 background:rgb(255,255,255) url(image/yhlj.png) no-repeat;
26.             }
27.             ul li:nth-last-child(2){
28.                 background:rgb(255,255,255) url(image/cylj.png) no-repeat;
29.
30.             }
31.             ul li:last-child{
32.                 background:rgb(255,255,255) url(image/qtlj.png) no-repeat;
33.                 background-repeat: no-repeat;
34.             }
35.             li>span{
36.                 margin-top: 170px;
37.             }
38.         </style>
39.     </head>
40.     <body>
41.         <h1>
42.             垃圾分类
43.         </h1>
44.         <ul>
45.             <li></li>
46.             <li></li>
47.             <li></li>
48.             <li></li>
49.         </ul>
50.     </body>
51. </html>
```

在上述代码中，第 21～23 行代码设置 ul 元素中第一个子元素 li 的背景属性；第 24～26 行代码设置 ul 元素中第二个子元素 li 的背景属性；第 27～30 行代码设置 ul 元素中倒数第二个子元素 li 的背景属性；第 31～34 行代码设置 ul 元素中最后一个子元素 li 的背景属性。

（3）子元素选择器网页运行效果如图 4-9 所示。

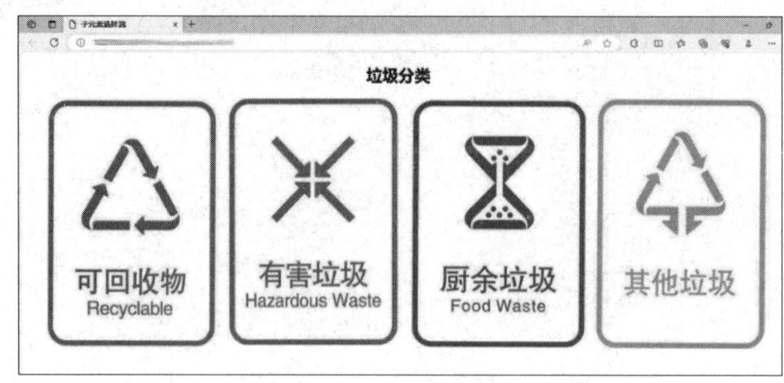

图 4-9　子元素选择器网页运行效果

4.3.4　其他伪类选择器

除了上述伪类选择器，还有一些其他常用的 CSS3 伪类选择器，如表 4-2 所示。

表 4-2　其他常用的 CSS3 伪类选择器

选择器名	示例	含义
:first-of-type	p:first-of-type	匹配父元素中的第一个 p 元素
:last-of-type	p:last-of-type	匹配父元素中的最后一个 p 元素
:nth-of-type(n)	p:nth-of-type(2)	匹配父元素中的第二个 p 元素
:nth-last-of-type(n)	p:nth-last-of-type(2)	匹配父元素中的倒数第二个 p 元素
:only-of-type	p:only-of-type	匹配父元素唯一的 p 元素

【技能训练 4-10】其他伪类选择器

【目标要求】通过训练，学会通过匹配父元素中元素的位置（如第一个元素、最后一个元素等）来选择元素，并应用相应的样式规则，以提供丰富的交互效果和样式。

【方法步骤】

（1）在 chapter4 项目中，新建文件 ex4-10.html。

（2）在 HBuilderX 软件右侧的编辑器中，编写代码。

```
<!--结构伪类选择器-->
<!DOCTYPE html>
<html>
    <head>
        <meta charset="UTF-8">
        <title>其他伪类选择器</title>
        <style type="text/css">
            #tupian {
                position: relative;
            }
            #tupian img:first-of-type {
                position: absolute;
                top: 0;
            }
            #tupian img:nth-of-type(2) {
                position: absolute;
                top:130px;
            }
            #tupian img:nth-of-type(3) {
                position: absolute;
                top:260px;
            }
            #tupian img:nth-last-of-type(2) {
                position: absolute;
                top:390px;
            }
            #tupian img:last-of-type {
                position: absolute;
                top:500px;
```

```
30.                 }
31.             </style>
32.         </head>
33.         <body>
34.             <h2>可回收物</h2>
35.             <p>主要包括：<br />
36.                 1、纸类。未被严重玷污的文字用纸、包装用纸和其他纸制品等，如报纸、各种包装纸、
37.     办公用纸、广告纸片、纸盒、复印纸等；<br />
38.                 2、塑料。废容器塑料、包装塑料等塑料制品，如各种塑料袋、塑料瓶、泡沫塑料、一
39.     次性塑料餐盒餐具、硬塑料等；<br />
40.                 3、金属。各种类别的废金属物品，如易拉罐、铁皮罐头盒、铅制牙膏皮等；<br />
41.                 4、玻璃。有色和无色废玻璃制品；<br />
42.                 5、织物。旧纺织衣物和纺织制品。</p>
43.             <div id="tupian">
44.                 <img src="image/khs1.png" />
45.                 <img src="image/khs2.png" />
46.                 <img src="image/khs3.png" />
47.                 <img src="image/khs4.png" />
48.                 <img src="image/khs5.png" />
49.             </div>
50.         </body>
51.     </html>
```

在上述代码中，第 8～10 行代码设置 id 为 tupian 的<div>标签为相对定位；第 11～14 行代码设置#tupian 元素中第一个 img 元素的绝对定位属性；第 15～18 行代码设置#tupian 元素中第二个 img 元素的绝对定位属性；第 19～22 行代码设置#tupian 元素中第三个 img 元素的绝对定位属性；第 23～26 行代码设置#tupian 元素中倒数第二个 img 元素的绝对定位属性；第 27～30 行代码设置#tupian 元素中最后一个 img 元素的绝对定位属性。

（3）其他伪类选择器网页运行效果如图 4-10 所示。

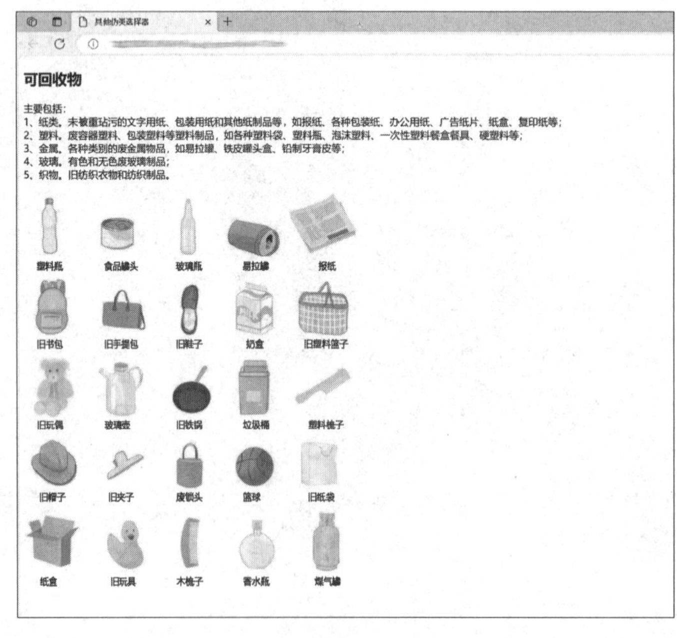

图 4-10　其他伪类选择器网页运行效果

4.3.5　::before 和::after

::before 表示在元素内部的前面插入内容，::after 表示在元素内部的后面插入内容。

【注意】冒号前不能加空格。选择器必须写上属性“content:" ";”（因为元素里必须有内容才能被创建成功，否则看不到该元素，content 后面的引号中可以为空）。

::before 和::after 创建的元素属于行内元素。

【技能训练 4-11】伪元素选择器

【目标要求】通过训练，在选定的元素之前或之后插入内容，并为这些内容应用样式。

【方法步骤】

（1）在 chapter4 项目中，新建文件 ex4-11.html。

（2）在 HBuilderX 软件右侧的编辑器中，编写代码。

```
<!--伪元素选择器 before 和 after-->
<!DOCTYPE html>
<html>
    <head>
        <meta charset="UTF-8">
        <title>伪元素选择器 before 和 after</title>
        <style type="text/css">
            h2{
                font-size: 30px;
            }
            ul{
                list-style: none;
            }
            li{
                font-size: 14px;
                line-height: 20px;
            }
            li::before{
                content: url("image/icon.png");
                margin-right: 5px;
            }
            h2::after{
                content: "有害垃圾包括废电池、废日光灯管、废水银温度计、过期药品等，这些垃圾需要特殊安全处理。";
                color: #333;
                font-size: 16px;
                font-weight: bold;
                line-height: 28px;
                display: block;
                text-indent: 2em;
```

```
31.                  margin-top: 5px;
32.              }
33.          </style>
34.      </head>
35.      <body>
36.          <h2>有害垃圾</h2>
37.          <p>主要类型：</p>
38.          <ul>
39.              <li>废镍镉电池和废氧化汞电池：充电电池、锂电池、镉镍电池、铅酸电池、蓄电池、
40.  纽扣电池等电池</li>
41.              <li>废荧光灯管：荧光（日光）灯管、卤素灯等</li>
42.              <li>废药品及其包装物：过期药物、药物胶囊、药片、药品内包装、酒精、使用过的
43.  医用纱布和棉签等</li>
44.              <li>废油漆和溶剂及其包装物：废油漆桶、染发剂壳、过期的指甲油、洗甲水等</li>
45.              <li>废矿物油及其包装物</li>
46.              <li>废含汞温度计、废含汞血压计：水银血压计、水银体温计、水银温度计</li>
47.              <li>废杀虫剂及其包装：老鼠药（毒鼠强等）、杀虫喷雾罐、其他杀虫药物</li>
48.              <li>废胶片及废相纸：X 光片等感光胶片、相片底片</li>
49.          </ul>
50.      </body>
51.  </html>
```

在上述代码中，可以看出第 18～21 行代码在“li”部分使用::before 添加了自定义的项目符号，第 22～32 行代码在标题 h2 后使用::after 添加了文字字样，并通过外边距属性调整显示位置。

（3）伪元素选择器网页运行效果如图 4-11 所示。

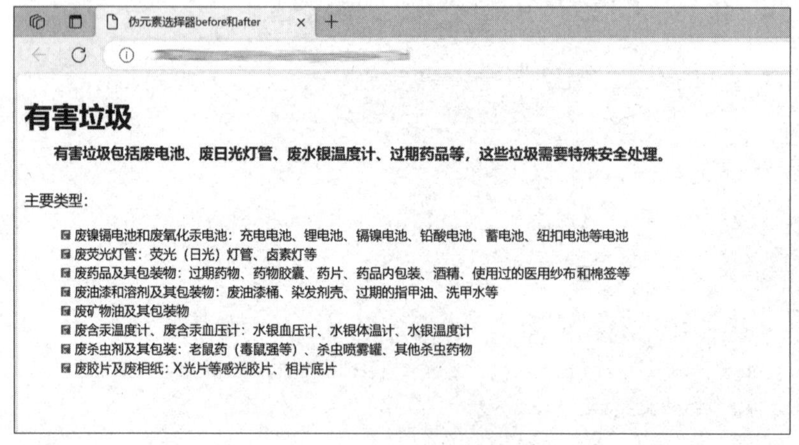

图 4-11　伪元素选择器网页运行效果

4.3.6　超链接伪类

- :link——设置未被访问的链接的样式；

- :visited——设置已被访问的链接的样式（一般与:link 属性相同）；
- :hover——设置鼠标指针悬停在链接上的样式；
- :active——设置鼠标单击在链接上的样式（一般不做设置）。

【技能训练 4-12】超链接伪类

【目标要求】 通过训练，控制超链接在不同状态下的样式表现，如未被访问、已被访问、鼠标指针悬停、被单击及获取焦点时的外观，从而给用户带来友好的交互体验。

【方法步骤】

（1）在 chapter4 项目中，新建文件 ex4-12.html。

（2）在 HBuilderX 软件右侧的编辑器中，编写代码。

```
<!--超链接伪类-->
<!DOCTYPE html>
<html>
    <head>
        <meta charset="UTF-8">
        <title>超链接伪类</title>
        <style type="text/css">
            ul{
                list-style: none;
                display: flex;
                justify-content: space-around;
                margin: auto;
                height: 40px;
                line-height: 40px;
                background-color: #8cc63e;
                color: #fff;
                text-align: center;
            }
            li{
                width: 20%;
            }
            a:link,a:visited{
                text-decoration: none;
                color: #fff;
                font-weight: bold;
                font-size: 16px;
            }
            a:hover{
                background-color: #5dbc80;
                display: block;
                height: 40px;
```

```
32.                 }
33.                 a:active{
34.                     background-color: #375c06;
35.                     display: block;
36.                     height: 40px;
37.                 }
38.             </style>
39.         </head>
40.         <body>
41.             <ul>
42.                 <li><a href="#">首页</a></li>
43.                 <li><a href="#">可回收物</a></li>
44.                 <li><a href="#">有害垃圾</a></li>
45.                 <li><a href="#">厨余垃圾</a></li>
46.                 <li><a href="#">其他垃圾</a></li>
47.             </ul>
48.         </body>
49.     </html>
```

从上述代码中，可以看到第 22～27 行代码设置超链接在初始状态和默认状态下的字体颜色和背景色，第 28～32 行代码通过修改背景色感受鼠标指针悬停时的超链接状态，第 33～37 行代码通过修改背景色感受单击鼠标时的超链接状态。

（3）以“可回收物”选项为例，其默认状态、访问后状态的运行效果如图 4-12 所示，鼠标指针悬停时的超链接状态如图 4-13 所示，单击鼠标时的超链接状态如图 4-14 所示。

图 4-12　默认状态、访问后状态的运行效果

图 4-13　鼠标指针悬停时的超链接状态

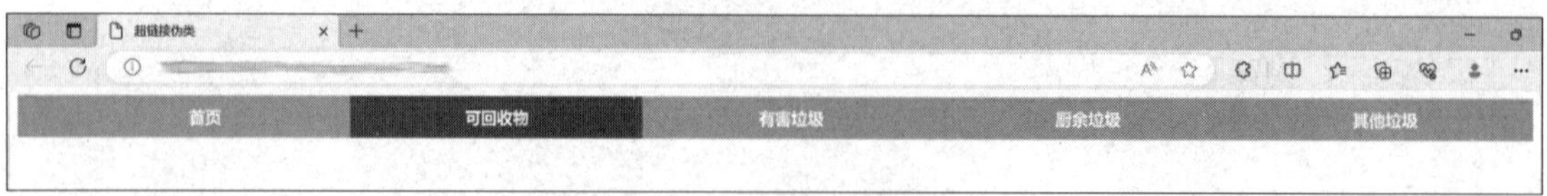

图 4-14　单击鼠标时的超链接状态

4.4　CSS3 新增常用属性

4.4.1　服务器字体

在浏览网页时，由于客户端没有安装某些特殊字体，因此网页文字无法按照设计正常显示，这时我们可以使用服务器字体来避免这种现象的发生。

基本语法格式如下：

```
@font-face{
        font-family:name;
        src:url(url) format(font-format);
    }
```

【技能训练 4-13】服务器字体

【目标要求】通过训练，学会在网页上加载并应用存储在服务器上的自定义字体，提升网页的视觉效果和用户体验，确保字体的一致性和可读性。

【方法步骤】

（1）在 chapter4 项目中，新建文件 ex4-13.html。

（2）在 chapter4 项目中新建 fonts 目录，将下载好的字体文件存放在其中，如图 4-15 所示。

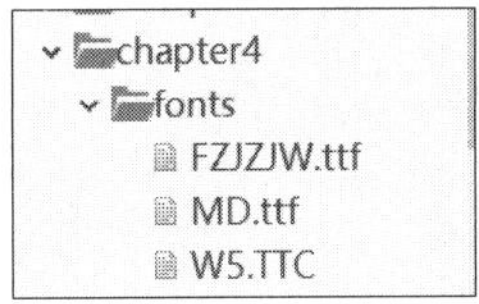

图 4-15　将下载好的字体文件存放在 fonts 目录中

（3）在 HBuilderX 软件右侧的编辑器中，编写代码。

```
<!--服务器字体-->
<!DOCTYPE html>
<html>
    <head>
        <meta charset="UTF-8">
        <title>服务器字体</title>
        <style type="text/css">
            @font-face{
              font-family:JianZhi;
              src:url("fonts/FZJZJW.ttf");
            }
            h2{
               font-family: JianZhi;
               font-size: 30px;
            }
```

```
16.         </style>
17.     </head>
18.     <body>
19.         <h2>其他垃圾</h2>
20.         <p>其他垃圾包括砖瓦陶瓷、渣土、卫生间废纸、瓷器碎片、动物排泄物、一次性用品等难以
21. 回收的废弃物，
22.         卫生填埋可有效减少对地下水、地表水、土壤及空气的污染。</p>
23.         <img src="image/qtlj01.jpg"/>
24.     </body>
25. </html>
```

在上述代码中，第 8～11 行代码设置了服务器字体，命名为 JianZhi；第 13 行代码中的 h2 元素通过 font-family 属性应用该字体。

（4）服务器字体网页运行效果如图 4-16 所示。

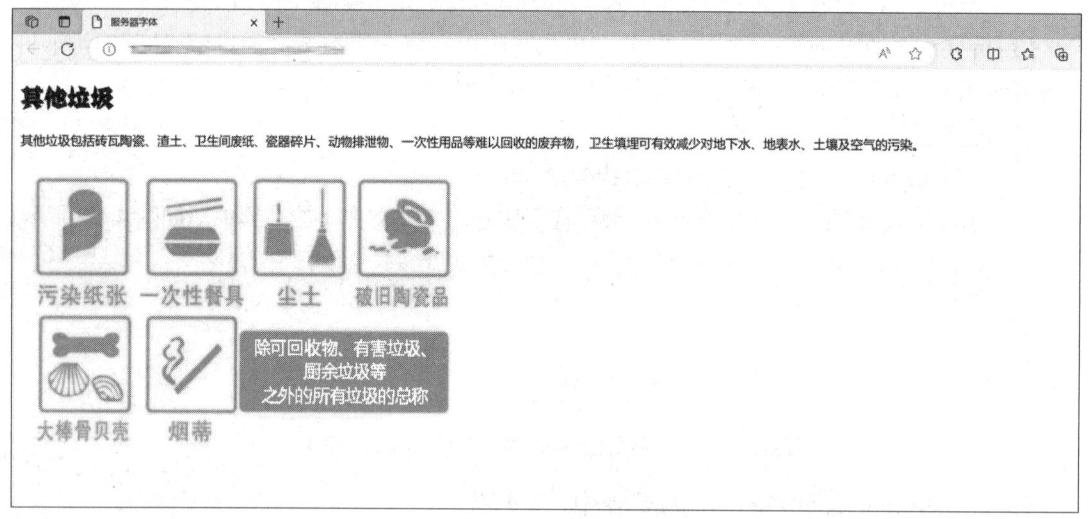

图 4-16　服务器字体网页运行效果

4.4.2　新增文本属性

（1）text-shadow（文字阴影）属性的语法格式如下：

```
text-shadow: h-shadow v-shadow blur color;
```

text-shadow 属性如表 4-3 所示。

表 4-3　text-shadow 属性

属性值	描述
h-shadow	必填参数。表示水平阴影的位置，允许负值
v-shadow	必填参数。表示垂直阴影的位置，允许负值
blur	可选参数。表示模糊的距离
color	可选参数。表示阴影的颜色

（2）text-overflow（文本溢出）属性的语法格式如下：

```
text-overflow: clip|ellipsis|string;
```

- clip：修剪文本。
- ellipsis：显示省略号来表示被修剪的文本。
- string：使用给定的字符串来表示被修剪的文本。

【注意】该属性只对块级元素溢出的内容有效。

【技能训练 4-14】新增文本属性

【目标要求】通过训练，学会为目标文本添加文本属性，以实现所需的样式效果，从而提升网页的视觉效果和用户体验。

【方法步骤】

（1）在 chapter4 项目中，新建文件 ex4-14.html。

（2）在 HBuilderX 软件右侧的编辑器中，编写代码。

```
<!--新增文本属性-->
<!DOCTYPE html>
<html>
    <head>
        <meta charset="UTF-8">
        <title>新增文本属性</title>
        <style type="text/css">
            .content {
                height: 20px;
                text-overflow: ellipsis;
                white-space: nowrap;
                overflow: hidden;
                border: 1px solid #43a468;
                text-indent: 2em;
                width: 50%;
                padding: 5px;
            }
            .title{
                font-size: 26px;
                display: inline-block;
                margin:0 30px;
                text-shadow: 6px 6px 10px #8cc63e;
            }
            .line{
                display: inline-block;
                width: 90px;
                height: 20px;
                background-image: url("image/arrow.png");
            }
        </style>
```

```
31.          </head>
32.          <body>
33.              <h2>厨余垃圾</h2>
34.              <p class="content">厨余垃圾含有极高的水分与有机物，很容易腐坏，产生恶臭。经过
35.  妥善处理和加工，可转化为新的资源，
36.                   高有机物含量的特点使其经过严格处理后可作为肥料、饲料，也可产生沼气用作燃料或
37.  发电，油脂部分则可
38.                   用于制备生物燃料。</p>
39.              <p>
40.                   <span class="title">收集</span>
41.                   <span class="line"></span>
42.                   <span class="title">运输</span>
43.                   <span class="line"></span>
44.                   <span class="title">处理</span>
45.                   <span class="line"></span>
46.                   <span class="title">绿色循环</span>
47.              </p>
48.              <img  src="image/cylj01.jpg"/>
49.          </body>
50.      </html>
```

在上述代码中，第 10 行代码设置显示省略号来表示溢出的文字，需配合 white-space 属性及 overflow 属性的设置，才能产生截断效果；第 22 行代码设置文字阴影水平方向移动 6px，垂直方向移动 6px，模糊距离为 10px，颜色为绿色。

（3）新增文本属性网页运行效果如图 4-17 所示。

图 4-17　新增文本属性网页运行效果

4.4.3　新增边框属性

1．border-radius 属性

border-radius 属性用于设置边框圆角。语法格式如下：

```
border-radius:none|<length>{1,4}[/<length>{1,4}]?
```

- none：为默认值，表示没有圆角。
- <length>：为长度值，不能为负值，分为两组，每组可以有 1～4 个值，第一组为水平半径，第二组为垂直半径。

2. box-shadow 属性

box-shadow 属性用于为边框添加阴影。语法格式如下：

```
box-shadow: h-shadow|v-shadow|blur|spread|color|inset;
```

- h-shadow（必需）：水平偏移量。正值表示阴影向右偏移，负值表示阴影向左偏移。默认单位为像素（px）。
- v-shadow（必需）：垂直偏移量。正值表示阴影向下偏移，负值表示阴影向上偏移。默认单位为像素（px）。
- blur（可选）：模糊半径。值越大，阴影边缘越模糊。如果为 0，则阴影边缘锐利。默认为 0，即无模糊效果。
- spread（可选）：阴影尺寸的扩展。正值会使阴影扩大（向外延伸），负值会使阴影收缩。默认为 0，即阴影大小等于元素本身。
- color（必需）：阴影的颜色。可以使用颜色名称、十六进制值、RGB 值、RGBA 值、HSL 值、HSLA 值等格式指定。
- inset（可选）：关键字，表示内阴影。如果不指定或省略，则默认为外阴影。

3. box-sizing 属性

box-sizing 属性在 CSS3 中用于改变元素盒模型的计算方式，它决定了元素的总宽度和高度，包括内容、内边距、边框等部分。

【技能训练 4-15】新增边框属性

【目标要求】通过训练，学会为目标元素添加合适的边框属性，以增强其视觉效果和页面布局效果，同时确保用户体验的流畅性。

【方法步骤】

（1）在 chapter4 项目中，新建文件 ex4-15.html。

（2）在 HBuilderX 软件右侧的编辑器中，编写代码。

```
<!--新增边框属性-->
<!DOCTYPE html>
<html>
    <head>
        <meta charset="UTF-8">
        <title>新增边框属性</title>
        <style type="text/css">
            div{
                width: 100px;
                height: 100px;
```

```
11.                 border: 1px solid #43a468;
12.                 float: left;
13.                 margin: 10px 30px;
14.                 text-align: center;
15.                 font-size: 16px;
16.                 line-height: 30px;
17.                 padding: 15px;
18.                 border-radius: 5px  10px  20px 15px ;
19.                 box-shadow:  8px 8px 20px 2px #8cc63e;
20.             }
21.         </style>
22.     </head>
23.     <body>
24.         <h2>垃圾分类的意义</h2>
25.         <div>防止对空气造成污染</div>
26.         <div>提高垃圾资源化利用</div>
27.         <div>减少垃圾对土地的侵占</div>
28.         <div>可促进资源循环和可持续发展</div>
29.     </body>
30. </html>
```

在上述代码中，第 18 行代码为 div 元素设置了 4 个方向的边框圆角效果；第 19 行代码为 div 元素添加水平方向移动 8px，垂直方向移动 8px，模糊半径为 20px，阴影大小为 2px，颜色为绿色的阴影效果。

（3）新增边框属性网页运行效果如图 4-18 所示。

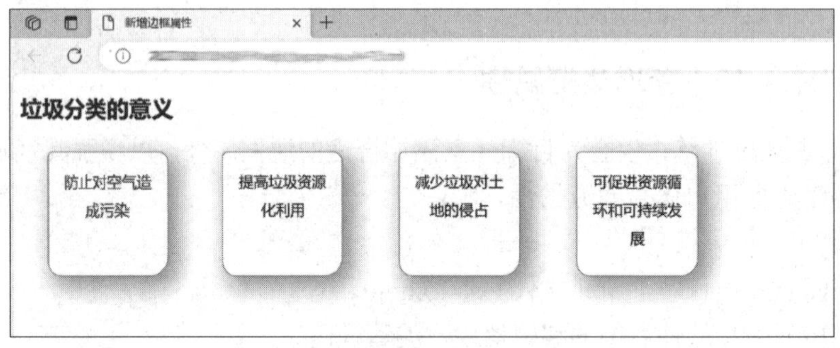

图 4-18　新增边框属性网页运行效果

4.5　渐变

4.5.1　线性渐变

线性渐变是指在一条直线上进行渐变，在网页中大多数渐变效果都是线性渐变。

基本语法格式如下：

```
background:linear-gradient(angle or direction, color1, color2, ...);
```

其中，angle 是一个可选参数，用来指定渐变线的角度。如果省略 angle，则默认线性渐变从上到下（即 0deg）。角度值按逆时针方向从正上方开始计算，如 45deg 表示线性渐变从左下到右上。

direction 是一个关键字，用来指定渐变的方向。例如，to top、to right、to bottom、to left，或者 to top right、to bottom left 等。

“color1, color2, ...”是渐变中的颜色停止点。每个颜色停止点可以是颜色值，如#ff0000、rgb(255,0,0)、hsl(0,100%,50%)等；也可以是带有透明度的颜色值，如 rgba(255,0,0,0.5)，表示半透明的红色。颜色停止点还可以指定位置，如 color(50%, red)表示红色停止点在渐变线的中点。

4.5.2　径向渐变

径向渐变是一种从起点到终点、颜色从内到外进行的渐变（从中间向外拉，像圆形一样）。CSS3 径向渐变是圆形或椭圆形渐变，颜色不再沿着一条直线渐变，而是从一个起点向所有方向渐变。

基本语法格式如下：

```
background:radial-gradient(shape size at position, color1, color2, ...);
```

其中，shape 是一个可选参数，定义了渐变的形状，可以是 circle（圆形）或 ellipse（椭圆形）。如果省略 shape，则默认为 ellipse。

size 是一个可选参数，指定了渐变的大小。它有 4 个值：closest-side、farthest-side、closest-corner、farthest-corner，分别表示最接近元素边界的一边、最远离元素边界的一边、最接近元素边界的一个角、最远离元素边界的一个角。如果省略 size，则默认为 farthest-corner。

at position 是一个可选参数，指定了渐变中心的位置。它可以是像素值、百分比或方位关键字（如 top、right、bottom、left、center 等）。如果省略 at position，则默认为元素的中心点。

“color1, color2, ...”是渐变中的颜色停止点。和线性渐变一样，每个颜色停止点可以是一个颜色值或者带有透明度的颜色值，并且可以指定位置。

4.5.3　重复渐变

重复渐变是在线性渐变和径向渐变基础上的延伸，其参数与线性渐变、径向渐变相同。

1. 重复线性渐变

基本语法格式如下：

```
background:repeating-linear-gradient(angle or direction, color-stop1, color-stop2, ...);
```

其中，angle or direction 指定了渐变的方向，可以是角度值（如 45deg）或方向关键字（如 to right、to bottom 等）。“color-stop1, color-stop2, ...”则定义了渐变中的颜色停止点，可以指定多个颜色。

2. 重复径向渐变

基本语法格式如下：

```
background:repeating-radial-gradient(shape size at position, color-stop1, color-stop2, ...);
```

其中，shape 定义了渐变的形状，可以是 circle（圆形）或 ellipse（椭圆形）；size 指定了渐变的大小，可以使用像素值、百分比等；at position 指定了渐变中心的位置；“color-stop1, color-stop2, …”同样定义了渐变中的颜色停止点。

【技能训练 4-16】渐变属性

【目标要求】 通过训练，掌握并熟练运用 CSS 的渐变属性，包括线性渐变、径向渐变和重复渐变，实现网页元素平滑、美观的色彩过渡效果，提升用户体验和页面设计的整体品质。

【方法步骤】

（1）在 chapter4 项目中，新建文件 ex4-16.html。

（2）在 HBuilderX 软件右侧的编辑器中，编写代码。

```
<!--新增渐变属性-->
<!DOCTYPE html>
<html>
    <head>
        <meta charset="UTF-8">
        <title>渐变</title>
        <style type="text/css">
            h1{
                text-align: center;
            }
            .content{
                display: flex;
            }
            .box{
                width: 300px;
                height: 500px;
                margin: 0 80px;
                text-align: center;
                line-height: 500px;
                font-size: 30px;
                color: #fff;
                border-radius: 20px;
            }
            .yhlj{
                background:linear-gradient(to bottom, #f78c9a, #ec3c53);
            }
            .khsw{
                background: radial-gradient(circle, #105abe, #93bcf3);
            }
```

```
30.                 .cylj{
31.                     background:   repeating-linear-gradient(45deg,    #0c9b4b,
32.     #ffffff  10px);
33.                 }
34.                 .qtlj{
35.                     background:   repeating-radial-gradient(circle,    #282f3a
36.     80px, #93989e);
37.                 }
38.             </style>
39.         </head>
40.         <body>
41.             <h1>垃圾分类</h1>
42.             <div class="content">
43.                 <div class="box yhlj">有害垃圾</div>
44.                 <div class="box khsw">可回收物</div>
45.                 <div class="box cylj">厨余垃圾</div>
46.                 <div class="box qtlj">其他垃圾</div>
47.             </div>
48.         </body>
49.     </html>
```

在上述代码中，第 24～26 行代码为第 1 个 div 元素的背景颜色设置线性渐变效果；第 27～29 行代码为第 2 个 div 元素的背景颜色设置径向渐变效果；第 30～33 行代码为第 3 个 div 元素的背景颜色设置重复线性渐变效果；第 34～37 行代码为第 4 个 div 元素的背景颜色设置重复径向渐变效果。

（3）渐变属性网页运行效果如图 4-19 所示。

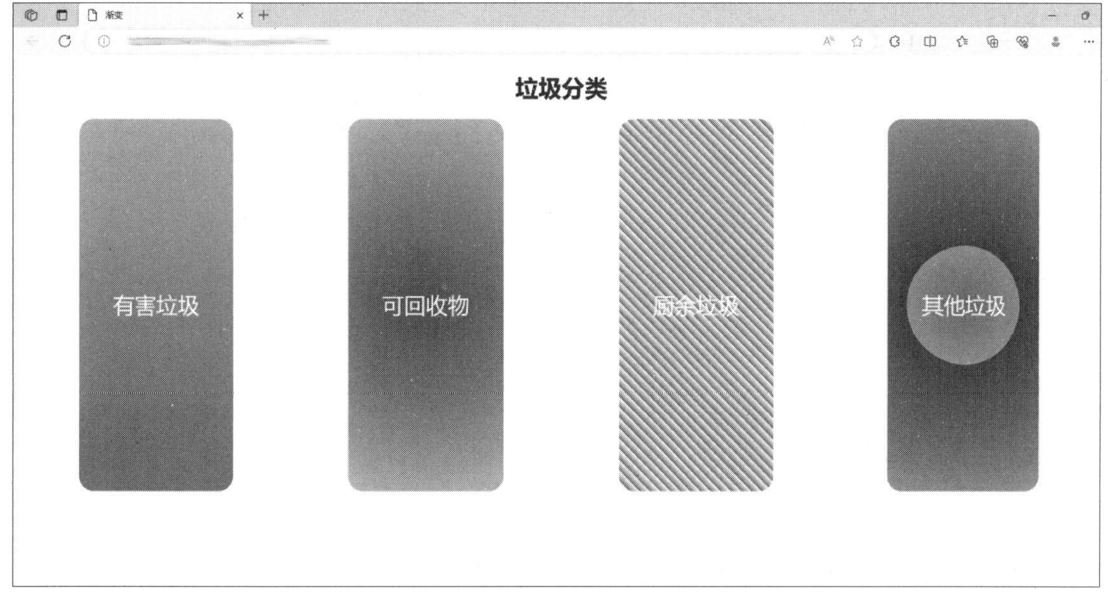

图 4-19　渐变属性网页运行效果

4.6 CSS3 变形

CSS3 变形是指利用 transform 属性实现文字或图像的旋转、平移、缩放、倾斜等变形处理，元素的变形操作需要配合使用 rotate()、translate()、scale()、skew()等函数来实现。在 CSS3 中，可以利用 transform 属性功能来实现文字或图像的旋转、扭曲、缩放、平移、矩阵等 5 种类型的变形处理。

基本语法格式如下：

```
transform: none | <transform-function> [ <transform-function> ]*
```

也可以写成如下格式：

```
transform: rotate | translate | scale | skew;
```

4.6.1 旋转

旋转的语法格式如下：

```
transform: rotate(<angle>)
```

其中，angle 值为正数，表示顺时针旋转，如果设置的值为负数，则表示逆时针旋转。

【技能训练 4-17】旋转属性

【目标要求】通过训练，掌握对网页元素进行旋转操作的方法，以实现动态效果和创意布局，增强页面的交互性和视觉效果。

【方法步骤】

（1）在 chapter4 项目中，新建文件 ex4-17.html。

（2）在 HBuilderX 软件右侧的编辑器中，编写代码。

```
<!--CSS3 变形-->
<!DOCTYPE html>
<html>
    <head>
        <meta charset="UTF-8">
        <title>变形--旋转</title>
        <style type="text/css">
            h1{
                text-align: center;
            }
            .content{
                display: flex;
            }
            .box{
                width: 300px;
```

```
                height: 500px;
                margin: 0 80px;
                text-align: center;
                font-size: 30px;
                color: #fff;
                border-radius: 20px;
                line-height: 200px;
            }
            .yhlj{background-color: #ec3c53;}
            .khsw{background-color: #2a77c5;}
            .cylj{background-color: #0e6046;}
            .qtlj{background-color: #161a2d;}
            .box1:hover{
                transform:rotate(30deg);        /*顺时针旋转 30 度*/
            }
            .box2:hover{
                transform:rotate(270deg);       /*顺时针旋转 270 度*/
            }
            .box3:hover{
                transform:rotate(-30deg);       /*逆时针旋转 30 度*/
            }
            .box4:hover{
                transform:rotate(-180deg);      /*逆时针旋转 180 度*/
            }
        </style>
    </head>
    <body>
        <h1>垃圾分类</h1>
        <div class="content">
            <div class="box yhlj">
                有害垃圾
                <div class="box1">
                    <img src="image/icon1.png"/>
                </div>
            </div>
            <div class="box khsw">
                可回收物
                <div class="box2">
                    <img src="image/icon2.png"/>
                </div>
            </div>
            <div class="box cylj">
                厨余垃圾
                <div class="box3">
```

```
60.                     <img src="image/icon3.png"/>
61.                 </div>
62.             </div>
63.             <div class="box qtlj">
64.                 其他垃圾
65.                 <div class="box4">
66.                     <img src="image/icon4.png"/>
67.                 </div>
68.             </div>
69.         </div>
70.     </body>
71. </html>
```

在上述代码中，第 29、32、35、38 行代码分别设置了当鼠标指针经过 4 个 div 元素时不同的旋转角度。

（3）鼠标指针经过第 4 张图片后的旋转效果如图 4-20 所示。

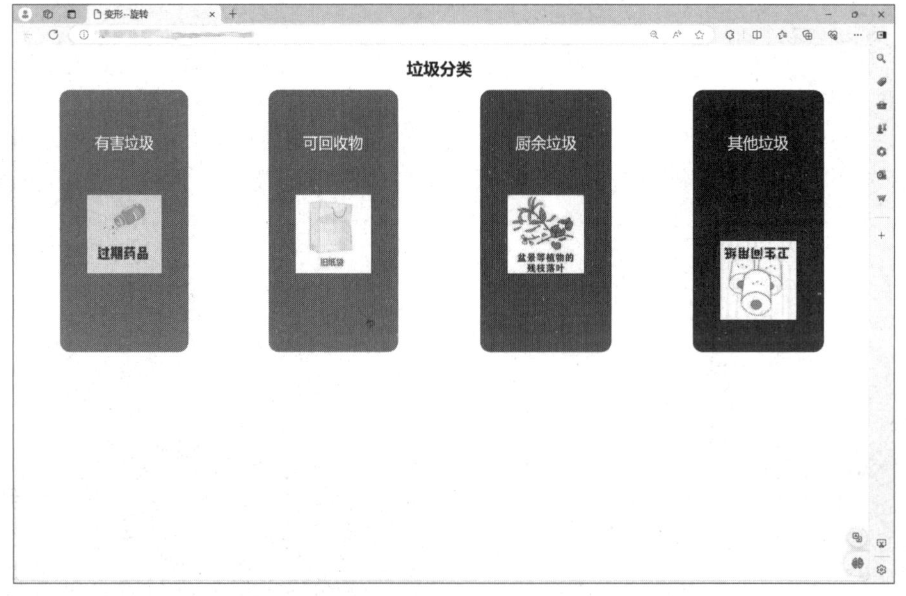

图 4-20　鼠标指针经过第 4 张图片后的旋转效果

4.6.2　平移

平移的语法格式如下：

```
transform: translate(x, y);
```

其中，x 表示元素在水平方向（*X* 轴）上平移的距离。正值会使元素向右移动，负值会使元素向左移动。

y 表示元素在垂直方向（*Y* 轴）上平移的距离。正值会使元素向下移动，负值会使元素向上移动。

另外，也可以使用 translateX(x) 和 translateY(y) 分别设置元素在 X 轴和 Y 轴方向上的平移。

【技能训练 4-18】平移属性

【目标要求】 通过训练，掌握在水平方向和垂直方向上对网页元素进行移动操作的方法，以实现页面布局的灵活调整和动画效果的创建，从而提升用户体验和页面设计的动态感。

【方法步骤】

（1）在 chapter4 项目中，新建文件 ex4-18.html。

（2）在 HBuilderX 软件右侧的编辑器中，编写代码。

```
<!--CSS3 变形-->
<!DOCTYPE html>
<html>
 <head>
     <meta charset="UTF-8">
     <title>变形--平移</title>
     <style type="text/css">
         .container{
             width:1600px;
             text-align: center;
             margin: 0 auto;
         }
         .top{
             margin: 0 auto;
         }
         h1{
             text-align: center;
         }
         .icon{
             margin: 10px  auto;
             width: 1000px;
             height: 170px;
             padding: 20px;
             border:1px solid #2a77c5;
             display: flex;
             align-items: center;
             justify-content: center;
         }
         .box1,.box2,.box3,.box4{
             margin: 0 30px;
             position: relative;
         }
         .content{
```

```
                display: flex;
                margin-top: 20px;
            }
            .box{
                width: 300px;
                height: 500px;
                margin: 0 40px;
                text-align: center;
                font-size: 30px;
                color: #fff;
                border-radius: 20px;
                line-height: 200px;
            }
            .yhlj{background-color: #ec3c53;}
            .khsw{background-color: #2a77c5;}
            .cylj{background-color: #0e6046;}
            .qtlj{background-color: #161a2d;}
            .box1:hover{
                transform: translate(-285px,380px);
            }
            .box2:hover{
                transform: translate(-120px,380px);
            }
            .box3:hover{
                transform: translate(50px,380px);
            }
            .box4:hover{
                transform: translate(230px,380px);
            }
        </style>
    </head>
    <body>
        <div class="container">
            <div class="top">
                <h1>垃圾分类</h1>
                <div class="icon">
                    <div class="box1">
                        <img src="image/icon1.png"/>
                    </div>
                    <div class="box2">
                        <img src="image/icon2.png"/>
                    </div>
                    <div class="box3">
                        <img src="image/icon3.png"/>
```

```
78.                     </div>
79.                     <div class="box4">
80.                         <img src="image/icon4.png"/>
81.                     </div>
82.                 </div>
83.             </div>
84.             <div class="content">
85.                 <div class="box yhlj">有害垃圾</div>
86.                 <div class="box khsw">可回收物</div>
87.                 <div class="box cylj">厨余垃圾</div>
88.                 <div class="box qtlj">其他垃圾</div>
89.             </div>
90.         </div>
91.     </body>
92.     </html>
```

在上述代码中，第 52、55、58、61 行代码分别设置了当鼠标指针经过 4 个 div 元素时不同的平移位置。该效果在浏览器全屏的状态下执行，平移参数的具体数值可以根据不同的浏览器进行微调。

（3）鼠标指针经过第 3 张图片时的平移效果如图 4-21 所示。

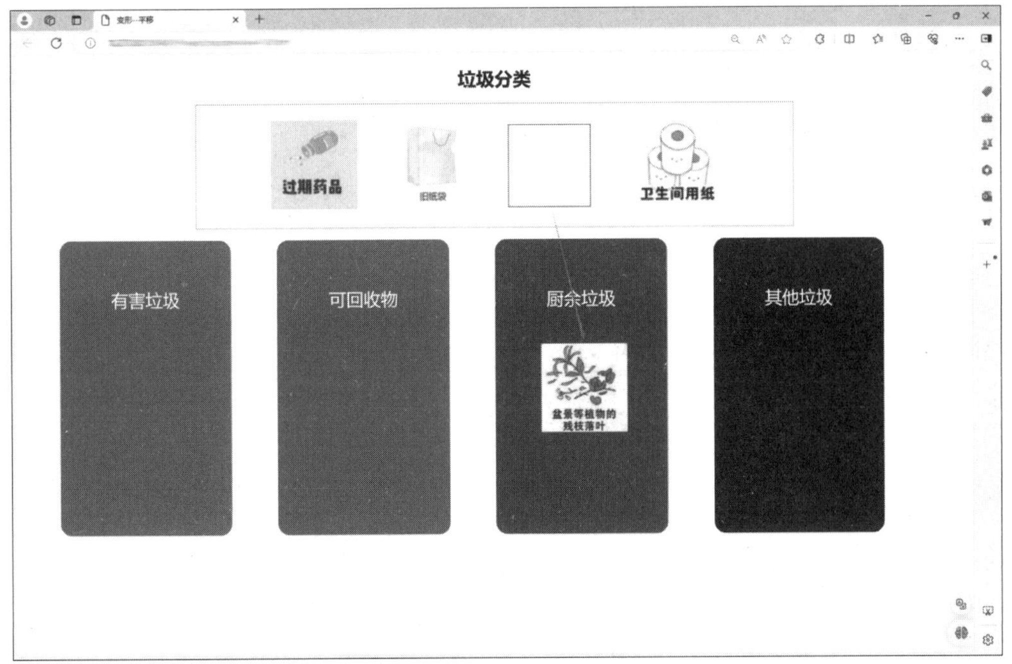

图 4-21　鼠标指针经过第 3 张图片时的平移效果

4.6.3　缩放

缩放 scale 和平移 translate 是极其相似的，scale(x,y)使元素在水平方向和垂直方向上同时缩放（也就是 X 轴和 Y 轴同时缩放）；scaleX(x)使元素仅在水平方向上缩放（X 轴缩放）；scaleY(y)使元素仅在垂直方向上缩放（Y 轴缩放）。但它们具有相同的缩放中心点和基数，其缩放中心点就是元素的中心位置，缩放基数为 1，如果其值大于 1，则元素放大，反之如果其值小于 1，则元素缩小。

【技能训练 4-19】缩放属性

【目标要求】通过训练，掌握调整缩放属性的方法，实现对图像、元素或布局尺寸的精确控制，以满足设计要求和优化用户体验。

【方法步骤】

（1）在 chapter4 项目中，新建文件 ex4-19.html。

（2）在 HBuilderX 软件右侧的编辑器中，编写代码。

```
<!--CSS3 变形-->
<!DOCTYPE html>
<html>
    <head>
        <meta charset="UTF-8">
        <title>变形--缩放</title>
        <style type="text/css">
            h1 {
                text-align: center;
            }
            .content {
                display: flex;
            }
            .box {
                width: 300px;
                height: 500px;
                margin: 0 80px;
                text-align: center;
                font-size: 30px;
                color: #fff;
                border-radius: 20px;
                line-height: 200px;
            }
            .yhlj {
                background-color: #ec3c53;
            }
            .khsw {
                background-color: #2a77c5;
            }
            .cylj {
                background-color: #0e6046;
            }
```

```
            .qtlj {
                background-color: #161a2d;
            }
            .box1:hover {
                transform: scale(2, 2);
            }
            .box2:hover {
                transform: scale(0.5, 0.5);
            }
            .box3:hover {
                transform: scaleX(2);
                /*transform: scale(2,0);*/
            }
            .box4:hover {
                transform: scaleY(2);
                /*transform: scale(0,2);*/
            }
        </style>
    </head>
    <body>
        <h1>垃圾分类</h1>
        <div class="content">
            <div class="box yhlj">
                有害垃圾
                <div class="box1">
                    <img src="image/icon1.png" />
                </div>
            </div>
            <div class="box khsw">
                可回收物
                <div class="box2">
                    <img src="image/icon2.png" />
                </div>
            </div>
            <div class="box cylj">
                厨余垃圾
                <div class="box3">
                    <img src="image/icon3.png" />
                </div>
            </div>
            <div class="box qtlj">
                其他垃圾
                <div class="box4">
                    <img src="image/icon4.png" />
                </div>
```

```
78.                <div>
79.            </div>
80.        </body>
81.    </html>
```

在上述代码中，第 37、40、43、47 行代码分别设置了当鼠标指针经过 4 个 div 元素时不同的缩放效果。

（3）鼠标指针经过第 3 张图片时的缩放效果如图 4-22 所示。

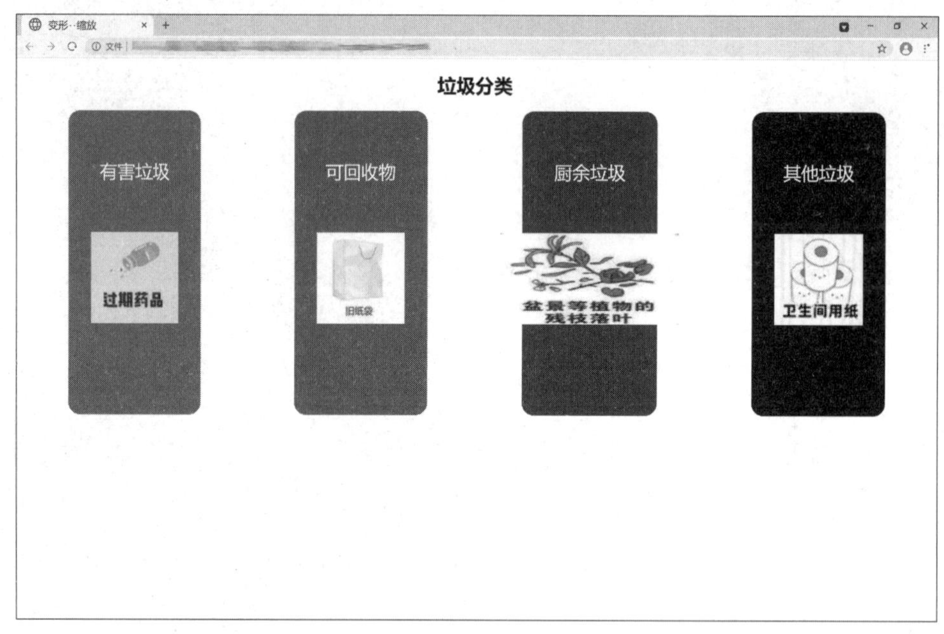

图 4-22　鼠标指针经过第 3 张图片时的缩放效果

4.6.4　倾斜

倾斜 skew 和平移 translate、缩放 scale 一样，同样具有 3 种情况：skew(x,y)使元素在水平方向和垂直方向上同时倾斜（*X* 轴和 *Y* 轴同时按一定的角度值进行倾斜）；skewX(x)仅使元素在水平方向上倾斜（*X* 轴倾斜）；skewY(y)仅使元素在垂直方向上倾斜（*Y* 轴倾斜）。

【技能训练 4-20】倾斜属性

【目标要求】通过训练，运用倾斜属性精确调整图像、元素或文本的倾斜角度，以达到预期的视觉效果和设计目的。

【方法步骤】

（1）在 chapter4 项目中，新建文件 ex4-20.html。

（2）在 HBuilderX 软件右侧的编辑器中，编写代码。

```
<!--CSS3 变形-->
<!DOCTYPE html>
<html>
```

```
<head>
    <meta charset="UTF-8">
    <title>变形--倾斜</title>
    <style type="text/css">
        h1 {
            text-align: center;
        }
        .content {
            display: flex;
        }
        .box {
            width: 300px;
            height: 500px;
            margin: 0 80px;
            text-align: center;
            font-size: 30px;
            color: #fff;
            border-radius: 20px;
            line-height: 200px;
        }
        .yhlj {
            background-color: #ec3c53;
        }
        .khsw {
            background-color: #2a77c5;
        }
        .cylj {
            background-color: #0e6046;
        }
        .qtlj {
            background-color: #161a2d;
        }
        .box1:hover {
            transform: skew(20deg, 40deg);
        }
        .box2:hover {
            transform: skew(60deg);
            /*skew 只设置一个值      表示 X 轴向左倾斜 60 度  只对 X 轴有效*/
        }
        .box3:hover {
            transform: skewX(20deg);
        }
        .box4:hover {
            transform: skewY(40deg);
        }
    </style>
</head>
<body>
    <h1>垃圾分类</h1>
```

```
53.            <div class="content">
54.                <div class="box yhlj">
55.                    有害垃圾
56.                    <div class="box1">
57.                        <img src="image/icon1.png" />
58.                    </div>
59.                </div>
60.                <div class="box khsw">
61.                    可回收物
62.                    <div class="box2">
63.                        <img src="image/icon2.png" />
64.                    </div>
65.                </div>
66.                <div class="box cylj">
67.                    厨余垃圾
68.                    <div class="box3">
69.                        <img src="image/icon3.png" />
70.                    </div>
71.                </div>
72.                <div class="box qtlj">
73.                    其他垃圾
74.                    <div class="box4">
75.                        <img src="image/icon4.png" />
76.                    </div>
77.                </div>
78.            </div>
79.        </body>
80.    </html>
```

在上述代码中，第 37、40、44、47 行代码分别设置了当鼠标指针经过 4 个 div 元素时不同的倾斜效果。

（3）鼠标指针经过第 1 张图片时的倾斜效果如图 4-23 所示。

图 4-23　鼠标指针经过第 1 张图片时的倾斜效果

4.7　CSS3 过渡

过渡（transition）就是平滑地改变一个元素的 CSS 值，使元素从一个样式逐渐过渡到另一个样式，是一种动画转换的过程，如渐现、渐弱、动画快慢等。

基本语法格式如下：

```
transition:[transition-property transition-duration transition-timing-function  transition-delay ]
```

1．transition-property

transition-property 指定当元素中的一个属性发生变化时执行过渡效果，其属性如表 4-4 所示。

表 4-4　transition-property 属性

属性值	含义
all	表示元素的所有可动画属性在变化时都将触发过渡效果
none	表示元素没有任何属性触发过渡效果
property	一个或多个 CSS 属性名，使用逗号分隔，表示仅对列出的属性值变化启用过渡效果

2．transition-duration

transition-duration 定义过渡效果花费的时间。

允许取值：time 值，它以秒作单位，默认值是 0，意味着没有过渡效果。

3．transition-timing-function

transition-timing-function 规定过渡效果的时间曲线，其属性如表 4-5 所示。

表 4-5　transition-timing-function 属性

属性值	含义
linear	表示过渡动画以恒定的速度进行，即在整个过渡期间速度保持一致
ease	默认值，表示过渡动画先慢后快，开始时缓慢加速，接近结束时逐渐减速
ease-in	表示过渡动画首先以慢速开始，然后逐渐加快。整个过程在开始时速度较平缓，在结束时速度较快
ease-out	表示过渡动画首先以快速开始，然后逐渐减速直至结束。整个过程在开始时速度较快，在结束时速度较平缓
ease-in-out	表示过渡动画以慢速开始和结束，中间过程速度较快。整个过程在开始和结束时速度平缓，中间过程加速
cubic-bezier(n,n,n,n)	使用贝塞尔曲线自定义过渡速度曲线。4 个参数分别表示贝塞尔曲线的两个控制点的坐标(P1x, P1y, P2x, P2y)，取值范围均为 0 到 1。例如：cubic-bezier(0.42, 0, 0.58, 1)

4．transition-delay

transition-delay 定义过渡效果开始前的等待时间。

允许的值：time 值，它以秒作单位，默认值是 0。

【技能训练 4-21】CSS3 过渡

【目标要求】通过训练，实现平滑、流畅的过渡效果，提升网页的视觉吸引力和用户体验。

【方法步骤】

（1）在 chapter4 项目中，新建文件 ex4-21.html。

（2）在 HBuilderX 软件右侧的编辑器中，编写代码。

```
<!--CSS3 过渡-->
<!--transition: property duration timing-function delay;-->
<!DOCTYPE html>
<html>
    <head>
        <meta charset="UTF-8">
        <title>CSS3 过渡</title>
        <style type="text/css">
            h1 {
                text-align: center;
            }
            .content {
                width: 1300px;
                margin: 10px auto;
            }
            .box {
                width: 300px;
                height: 500px;
                text-align: center;
                line-height: 500px;
                font-size: 30px;
                color: #fff;
                display: inline-block;
            }
            .yhlj {
                background-color: #ec3c53;
                transition: background-color 5s linear 1s;
            }
            .yhlj:hover {
                background: grey;
            }
            .khsw {
                background-color: #2a77c5;
                transition: background-color 0.5s ease 0s, border-radius 1s
ease-in 0.5s;
            }
            .khsw:hover {
                background-color: #6f8faf;
                border-radius: 50%;
            }
            .cylj {
                background-color: #0e6046;
                transition: all 0.5s ease-in-out 0s;
```

```
            }
            .cylj:hover{
                height: 800px;
            }
            .qtlj {
                background-color: #161a2d;
                transition: all 1s ease-out 0s;
            }
            .qtlj:hover{
                border-radius: 80px;
                opacity: 0.25;
                transform: scale(0.5);
            }
        </style>
    </head>
    <body>
        <h1>垃圾分类</h1>
        <div class="content">
            <div class="box yhlj">有害垃圾</div>
            <div class="box khsw">可回收物</div>
            <div class="box cylj">厨余垃圾</div>
            <div class="box qtlj">其他垃圾</div>
        </div>
    </body>
</html>
```

在上述代码中，当鼠标指针悬停在“有害垃圾”div 元素上时，1s 后背景颜色以相同的速度过渡到灰色，持续时间为 5s；当鼠标指针悬停在“可回收物”div 元素上时，背景颜色先以慢速开始，逐渐加快，再慢慢结束过渡到灰色，持续时间为 0.5s，然后 div 元素再以慢速开始，逐渐加快，1s 内变成椭圆形；当鼠标指针悬停在“厨余垃圾”div 元素上时，div 元素的高度将以慢速开始和结束并过渡到 800px，持续时间为 0.5s；当鼠标指针悬停在“其他垃圾”div 元素上时，将形成圆角效果，不透明度变为 0.25，同时进行缩放，持续时间为 1s。

（3）鼠标指针经过最后一个 div 元素时的过渡效果如图 4-24 所示。

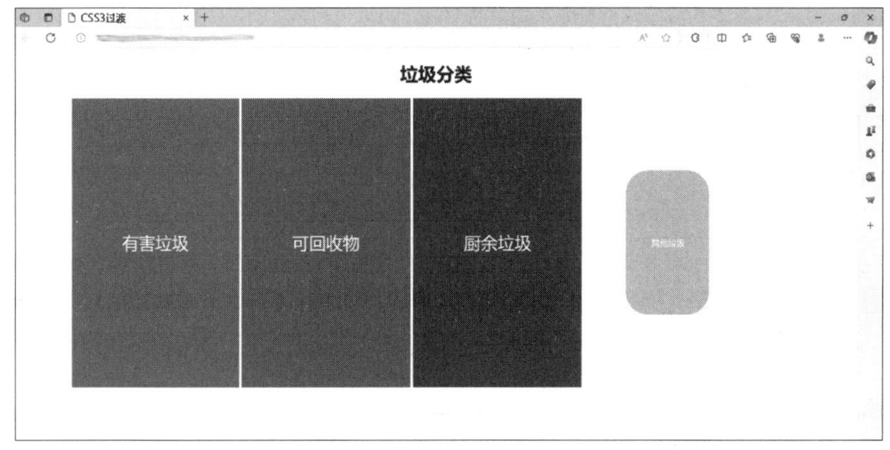

图 4-24　鼠标指针经过最后一个 div 元素时的过渡效果

4.8 CSS3 动画

动画（animation）是 CSS3 中具有颠覆性的特征之一，它可通过多个节点来精确控制一个或一组动画，常用来实现复杂的动画效果。

动画实现分为 2 个步骤。

1. 使用 keyframes 定义关键帧（类似定义类选择器）

```
@keyframes [名称]{
from{}    //0%
to{}      //100%
}
```

在动画过程中，我们能够多次改变这套 CSS 样式。以百分比来规定改变发生的时间，或者使关键词 from 和关键词 to 分别等价于 0%和 100%。0%表示动画的开始时间，而 100%表示动画的结束时间。

2. 将关键帧绑定到元素上

```
元素{
animation-name:动画名称;
}
```

动画属性如表 4-6 所示。

表 4-6 动画属性

属性值	含义
animation-name	指定动画的名称，该名称应与使用@keyframes 规则定义的关键帧名称相对应
animation-duration	定义动画完成一个完整循环所花费的时间。可以使用秒（s）或毫秒（ms）作为单位
animation-timing-function	控制动画的速度曲线，决定了动画在不同时间段内的速度变化。可选值包括 ease、linear、ease-in、ease-out、ease-in-out、cubic-bezier()
animation-delay	设置动画开始前的等待时间。可以使用秒（s）或毫秒（ms）作为单位
animation-iteration-count	指定动画播放的次数。可以是整数（如 3，表示播放 3 次），infinite 表示无限循环播放
animation-direction	控制动画播放的方向。可选值包括 normal（每次循环按正常顺序播放）、reverse（反向播放）、alternate（奇数次正向播放，偶数次反向播放）和 alternate-reverse（奇数次反向播放，偶数次正向播放）
animation-mode	定义动画在执行之前（延迟期间）和之后（动画结束后）如何影响元素的样式。可选值包括 none（默认值，动画不改变延迟期间和结束后的样式）、forwards（保持最后一个关键帧的样式）、backwards（保持第一个关键帧的样式直到动画开始）、both（同时应用 forwards 和 backwards）
animation-play-state	允许暂停（paused）或恢复（running）动画的播放。通常通过 JavaScript 动态更改此属性值以实现交互式控制

不同的浏览器对动画效果的支持力度不同，浏览器的支持情况如图 4-25 所示。

属性					
@keyframes	43.0 4.0 -webkit-	10.0	16.0 5.0 -moz-	9.0 4.0 -webkit-	30.0 15.0 -webkit- 12.0 -o-
animation	43.0 4.0 -webkit-	10.0	16.0 5.0 -moz-	9.0 4.0 -webkit-	30.0 15.0 -webkit- 12.0 -o-

图 4-25　浏览器的支持情况

【技能训练 4-22】CSS3 动画

【目标要求】通过训练，实现平滑、流畅的动画效果，提升网页的视觉吸引力和用户体验。

【方法步骤】

（1）在 chapter4 项目中，新建文件 ex4-22.html。

（2）在 HBuilderX 软件右侧的编辑器中，编写代码。

```
<!--CSS3 动画-->
<!DOCTYPE html>
<html>

    <head>
        <meta charset="UTF-8">
        <title>CSS3 动画</title>
        <style type="text/css">
        @keyframes move {
                from {
                    transform: translate(0, 0);
                }
                to {
                    transform: translate(1200px, 0);
                }
            }
        @-webkit-keyframes move {            /* Chrome 浏览器兼容代码 */
                from {
                    transform: translate(0, 0);
                }
                to {
                    transform: translate(1200px, 0);
                }
            }
            div {
                width: 180px;
                height: 80px;
```

```
28.                     background:#0e815c;
29.                     color: #fff;
30.                     font-weight: bold;
31.                     text-align: center;
32.                     line-height: 80px;
33.                     animation-name: move;                       /*动画名称*/
34.                     animation-duration: 5s;                     /*持续时间*/
35.                     animation-timing-function: ease;            /*运动曲线*/
36.                     animation-delay: 1s;                        /*延时开始*/
37.                     animation-fill-mode: forwards;              /*动画结束后的位置*/
38.                     animation-iteration-count: infinite;        /*重复次数*/
39.                     animation-direction: alternate;             /*播放方向*/
40.                      /* Chrome 浏览器兼容代码 */
41.                     -webkit-animation-name: move;
42.                     -webkit-animation-duration: 5s;
43.                     -webkit-animation-timing-function: ease;
44.                     -webkit-animation-delay: 1s;
45.                     -webkit-animation-fill-mode: forwards;
46.                     -webkit-animation-iteration-count: infinite;
47.                     -webkit-animation-direction: alternate;
48.                     /*animation: move 2s linear 0s infinite alternate forwards;*/
49.                 }
50.                 div:hover{
51.                     animation-play-state: paused;  /*动画运行状态*/
52.                     -webkit-animation-play-state: paused;  /*Chrome 浏览器兼容代码 */
53.             }
54.             </style>
55.         </head>
56.         <body>
57.             <div>爱护环境，人人有责</div>
58.         </body>
59.     </html>
```

在上述代码中，第 38 行代码设置了动画的重复次数，第 39 行代码设置了动画的播放方向，此时元素第 2 次动画效果会反向播放。第 48 行代码为简写形式。

（3）第 1 次动画的运行效果如图 4-26 所示，注意运动方向是从左向右的，矩形标语运动到右边后停止，等待 1s，第 2 次动画开始，第 2 次动画的运行效果如图 4-27 所示，运动方向是从右向左的。

图 4-26　第 1 次动画的运行效果

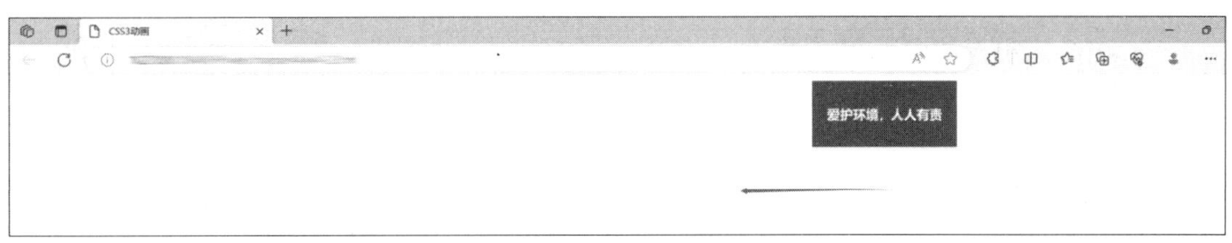

图 4-27　第 2 次动画的运行效果

小试牛刀

一、单选题

1．表示 p 下面除了 span，所有标签旋转 45 度的代码是（　　）。

A．p:not(span){transform:rotate(45deg)}

B．p:not(span){translate:rotate(45deg)}

C．p not(:span){transform:rotate(45deg)}

D．p:not(span){rotate(45deg)}

2．下列选项中属于兄弟选择器的是（　　）。

A．#ul2+p　　B．#ul2~p　　C．#ul2>p　　D．#ul2 p

3．可以使用（　　）属性设置主轴方向的弹性盒子元素的对齐方式。

A．align-content　　B．justify-content

C．align-self　　D．align-items

4．可以使用（　　）代码清除 ul 的浮动。

A．ul li:last-child{clear:both}

B．ul:after{content:"";clear:both;display:block}

C．ul{clear:both}

D．ul:before{content:"";clear:both;display:block}

5．让一个名为 fade 的动画持续执行，并且在第一次执行时延迟 0.5s 开始，动画每次执行 1s，以下代码中正确的是（　　）。

A．animation:fade 1s 0.5s infinite　　B．animation:fade 0.5s 1s infinite

C．animation:fade 1s 0.5s linear　　D．以上都不正确

二、多选题

1．div span{margin-left:10px;}通过（　　）代码可以将第一个 span 元素的 margin 取消。

A．div span:first-child{margin:0}　　B．div span:nth-child(0){margin:0;}

C．div span:nth-child(1){margin:0}　　D．div span{margin:0}

2．（　　）属性属于弹性盒子。

A．flex-shrink　　B．flex-grow　　C．border　　D．margin

3．（　　）样式可以隐藏元素。

A．visibility:hidden;　　B．display:show;

C．display:none;　　D．opacity:0;

4．（　　）是动画效果。

A．transition　　B．animation　　C．static　　D．relative

5．下列选项中正确的是（　　）。

A．属性要在开始标签中指定，用来表示该标签的性质和特性

B．通常都是以“属性名="值"”的形式来表示的

C．一个标签可以指定多个属性

D．当指定多个属性时不用区分顺序

三、判断题

1．以下代码可以实现当文本框获得焦点时添加盒阴影效果。

```
input[type="text"]:focus{box-shadow:2px 2px 2px blue;}
```

2．CSS3 中 transition 是用来控制元素变形样式的。

3．CSS 中用来设置字符间距的属性是 word-spacing。

4．CSS Sprites 整理起来更为方便，同一个按钮不同状态的图片也需要逐个切割出来并分别命名。

5．CSS3 中用来设置阻止换行的属性是 white-space:nowrap。

项目 5 “榜样的力量”项目实战

知识目标

1. 掌握网站站点的创建方法
2. 使用 HTML5+CSS3 完成“榜样的力量”网站首页的制作

技能目标

1. 能利用所学知识，完成综合性网站的构建
2. 能发挥团队协作能力，完成 Web 网站项目

素养目标

1. 通过对网站进行分析构建，培养学生分析问题、解决问题的能力
2. 培养学生良好的沟通能力，善于表达自己的观点
3. 培养学生团结合作、耐心细致的职业素养

【技能训练 5-1】网站初始化

【目标要求】通过训练，学会创建站点、分析效果图，掌握页面布局、定义公共样式的方法。

【实践步骤】

1. 创建站点

（1）创建网站根目录。

在 D 盘中新建一个文件夹作为网站的根目录，并将其命名为 Example。

（2）在根目录下新建文件夹。

打开 Example 根目录，在其下新建 audio 文件夹、css 文件夹、fonts 文件夹、images 文件夹、video 文件夹，分别用于存放网页制作中所用到的音频文件、CSS 样式文件、字体文件、图片文件、视频文件。网站结构图如图 5-1 所示。

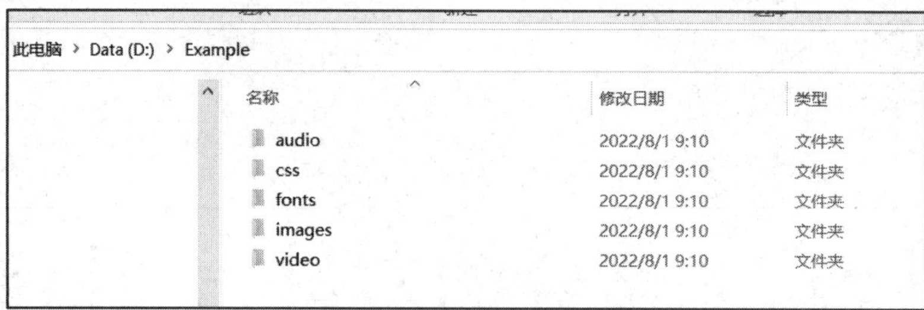

图 5-1　网站结构图

（3）在 HBuilderX 软件中导入 Example 网站。

打开 HBuilderX 软件，在 D 盘中找到 Example 根目录，或者直接将 Example 根目录拖放到 HBuilderX 软件左边的工作区中，导入 Example 网站，如图 5-2 所示。导入后 HBuilderX 软件中的目录如图 5-3 所示。

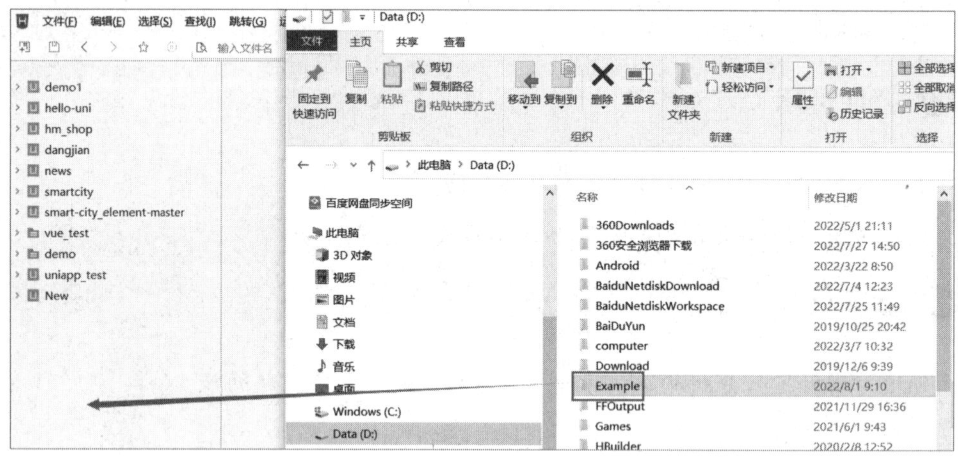

图 5-2　导入 Example 网站

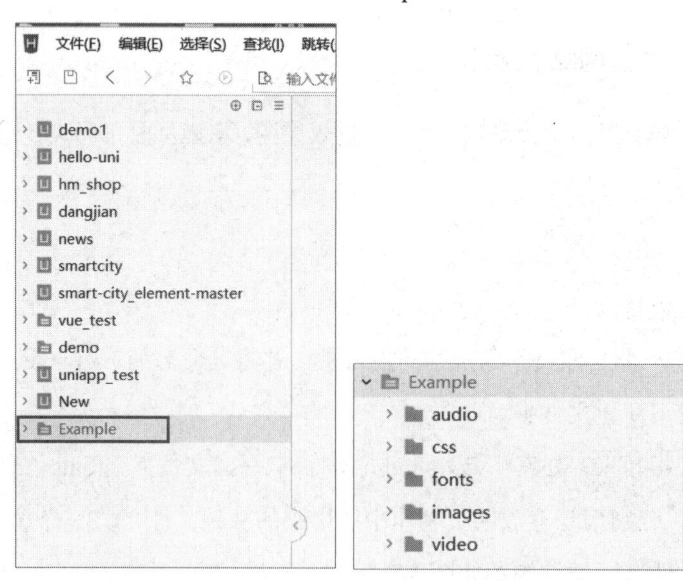

图 5-3　HBuilderX 软件中的目录

2. 效果图分析

（1）HTML 结构分析。

观察首页效果图，如图 5-4 所示，整个页面结构包含 3 大部分：头部（被分成 3 个部分，包含头部信息、导航、Banner）、内容部分（根据布局分成左右两个大盒子，包含主内容、侧边栏）、脚注（包含版权信息）。

图 5-4　首页效果图

根据分析，整个页面结构大致分为 7 个模块，页面结构图如图 5-5 所示。

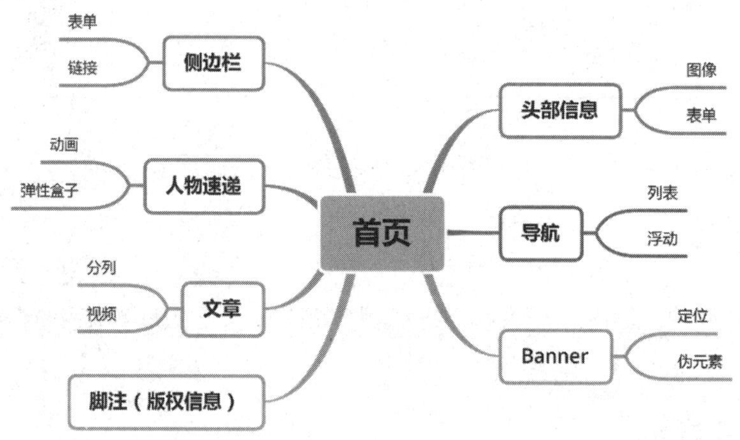

图 5-5　页面结构图

（2）CSS 样式分析。

从首页效果图来看，背景颜色是统一设置的，大部分字体大小是 14px，字体为微软雅黑。导航、脚注是全屏显示的，其余页面内容居中显示。文章中用到了部分标题标签、段落标签，可以对字体和行高进行统一设置，以减少代码的冗余。

3. 页面布局

通过对页面进行排版布局，可以极大改善页面的外观，使页面结构更加清晰，具体代码如下：

```
<!DOCTYPE html>
<html>
    <head>
        <meta charset="utf-8">
        <title>榜样的力量</title>
    </head>
    <body>
        <!-- 头部信息 -->
        <header class="top"></header>
        <!-- 导航 -->
        <nav></nav>
        <!-- Banner -->
        <div class="banner"></div>
        <!-- 内容部分 -->
        <div id="content">
            <div id="mainContent"></div>
            <aside></aside>
        </div>
        <!-- 脚注（版权信息） -->
```

```
            <footer></footer>
        </body>
    </html>
```

4. 定义公共样式

在 css 文件夹下新建样式文件 index.css，编写通用样式，具体代码如下：

```
/*取消全局默认配置*/
* {
    margin: 0;
    padding: 0;
    border:0;
    list-style: none;
}
/* 全局控制 */
body {
    margin: 0 auto;
    padding: 22px 0;
    width: 960px;
    font: 14px/22px "微软雅黑", Helvetica, Arial, sans-serif;
    background: #F0F0F0;
}
/* 超链接样式 */
a:link,a:visited{
    color: #fff;
    text-decoration: none;
}
a:hover{
    color: #fff;
}
```

【技能训练 5-2】制作头部信息和导航

【目标要求】通过训练，完成“榜样的力量”网站首页头部信息和导航两个部分的制作。

【实践步骤】

1. 分析效果图

观察首页头部信息和导航分析图，如图 5-6 所示，不难看出，头部信息由 LOGO 和搜索框组成，导航全屏显示，结构清晰。

图 5-6　首页头部信息和导航分析图

布局可采用 flex 弹性布局，头部信息部分可通过指定宽度控制显示外观。导航部分可利用列表，同时采用绝对定位的方式进行全屏显示，通过浮动属性来实现横向排布，并通过伪类链接来控制鼠标指针的悬停样式。

2. 准备素材

在这两个部分中，主要需要准备网站的 LOGO，将其放置在站点下的 images 文件夹内。

3. 搭建结构

在 index.html 文件内书写头部信息、导航两个部分的 HTML 结构代码，具体代码如下：

```
1.      <!-- 头部信息 -->
2.          <header class="top">
3.              <div class="logo"><img src="images/logo.png" /></div>
4.              <div class="header_search">
5.                  <input class="header_search_query" type="text" placeholder="请
6.  输入你想搜索的内容...">
7.                  <button class="header_search_btn">搜索</button>
8.              </div>
9.          </header>
10.     <!-- 导航 -->
11.         <nav>
12.             <ul>
13.                 <li>
14.                     <a href="#">首页</a>
15.                 </li>
16.                 <li>
17.                     <a href="#">行业英雄</a>
18.                 </li>
19.                 <li>
20.                     <a href="#">英雄事迹</a>
21.                 </li>
22.                 <li>
23.                     <a href="#">精彩瞬间</a>
24.                 </li>
25.                 <li>
26.                     <a href="#">我要留言</a>
27.                 </li>
28.                 <li>
29.                     <a href="#">关于我们</a>
30.                 </li>
31.             </ul>
32.         </nav>
```

在上述代码中，第 3 行代码用于插入网站的 LOGO，第 4～8 行代码用于插入搜索框，

第 11～32 行代码用于定义导航。

运行代码，首页头部信息和导航 HTML 结构运行效果如图 5-7 所示。

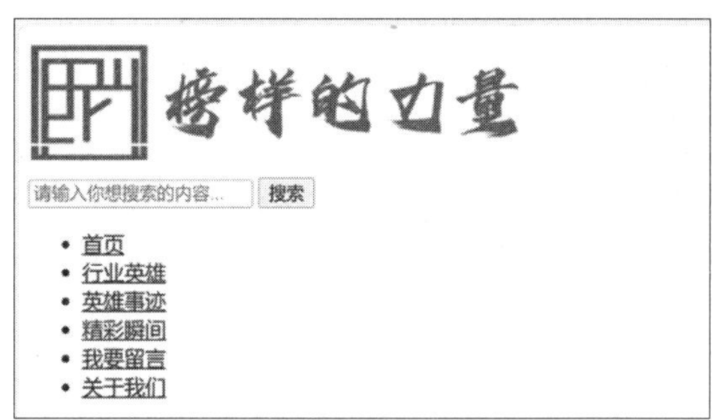

图 5-7　首页头部信息和导航 HTML 结构运行效果

4. 控制样式

在页面头部引入 index.css 文件，如图 5-8 所示。

```
<head>
    <meta charset="utf-8">
    <title>榜样的力量</title>
    <link href="css/index.css" type="text/css" rel="stylesheet" />
</head>
```

图 5-8　在页面头部引入 index.css 文件

打开 index.css 文件，继续编写如下代码：

```
/*-------------------------------
首页头部信息
-------------------------------*/
.top{
    display: flex;
    justify-content:space-between;
    align-items: center;
    }
.header_search{
    display: flex;
}
.header_search_query {
    width: 200px;
    border: 2px solid #cd3301;
    padding: 0 25px;
    height: 42px;
  font-size: 12px;
  color: #6b6b6b;
  letter-spacing: 0.06em;
}
.header_search_query::placeholder {
```

```
        font-size: 12px;
        color: #6b6b6b;
      letter-spacing: 0.06em;
    }
    .header_search_btn {
         width:40%;
        font-size: 16px;
       color: #fff;
        background: #cd3301;
        border: 0;
         padding: 0 14px;
    cursor: pointer;
    }
    /*------------------------------
      首页导航
     -------------------------------*/
    nav {
         position: absolute;
         left: 0%;
         width: 100%;
         /*background: url("../images/nav_background.png");*/
         background: #cd3301;
    }
    nav ul {
         margin: 0 auto;
         width: 1020px;
         list-style: none;
    }
    nav ul li {
         float: left;
    }
    nav ul li a {
         display: block;
         margin-right: 20px;
         width: 140px;
         height: 50px;
         font-size: 16px;
         line-height: 48px;
         text-align: center;
         text-decoration: none;
         color: #fff;
    }
    nav ul li a:hover {
         color: #fff;
```

```
        background-color: #990020;
    }
```

完成代码编写后，打开浏览器，运行 index.html 文件，首页头部信息和导航默认显示效果如图 5-9 所示，鼠标指针经过导航后的效果如图 5-10 所示。

图 5-9 首页头部信息和导航默认显示效果

图 5-10 鼠标指针经过导航后的效果

【技能训练 5-3】制作 Banner

【目标要求】通过训练，完成“榜样的力量”网站首页 Banner 部分的制作。

【实践步骤】

1. 分析效果图

观察焦点图分析效果图，如图 5-11 所示，不难看出，Banner 部分由焦点图、滑动圆点和左右切换按钮组成，其中左右切换按钮在鼠标指针滑动到焦点图时显示，在鼠标指针离开焦点图时隐藏。因滑动圆点和左右切换按钮均显示在焦点图上，故整个部分嵌套在一个大盒子中，使用相对定位显示，焦点图、滑动圆点和左右切换按钮分别采用绝对定位方式，并通过设置边偏移量来进行布局。

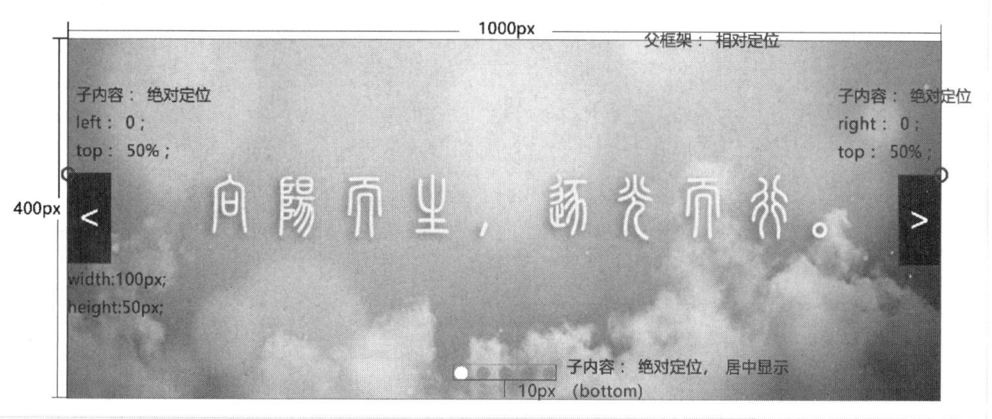

图 5-11 焦点图分析效果图

2. 准备素材

在这个部分中，主要需要准备网站的焦点图，将其放置在站点下的 images 文件夹内。

3. 搭建结构

在 index.html 文件内书写焦点图部分的 HTML 结构代码，具体代码如下：

```
    <!-- 焦点图 -->
        <div class="banner">
            <ul class="hot">
                <li>
                    <a href="#"><img src="images/banner.png"></a>
                </li>
            </ul>
            <ul class="dot">
                <li class="on"></li>
                <li></li>
                <li></li>
                <li></li>
                <li></li>
            </ul>
            <div class="arrow">
            <span class="prev">&lt;</span>
                <span class="next">&gt;</span>
            </div>
        </div>
```

运行代码，焦点图 HTML 页面效果如图 5-12 所示。

图 5-12　焦点图 HTML 页面效果

4. 控制样式

继续编写 CSS 样式，具体代码如下。

```
    /* 焦点图样式 */
    .banner {
```

```
        position: relative;
        overflow: hidden;
        margin: 60px auto 0;
        width: 1000px;
        height: 400px;
    }
    .banner:hover .arrow{
        display: block;
    }
    .banner ul {
        margin: 0;
        padding: 0;
        list-style: none;
    }
    .hot {
        position: absolute;
        top: 0;
        left: 0;
    }
    .hot li {
        float: left;
    }

    /* 滑动圆点样式 */
    .dot {
        position: absolute;
        bottom: 10px;
        width: 100%;
        text-align: center;
        font-size: 0;
    }
    .dot li {
        display: inline-block;
        margin: 0 5px;
        width: 15px;
        height: 15px;
        border-radius: 100%;
        background: rgba(145, 144, 144, .5);
        cursor: pointer;
    }
    .dot .on {
        background-color: #fff;
    }

```

```
    /* 左右切换按钮样式 */
    .arrow {
        display: none;
    }
    .arrow span {
        display: block;
        width: 50px;
        height: 100px;
        background: rgba(0, 0, 0, 0.6);
        color: #fff;
        text-align: center;
        font-size: 40px;
        line-height: 100px;
        cursor: pointer;
    }
    .arrow .prev {
        position: absolute;
        top: 50%;
        left: 0;
        margin-top: -50px;
    }
    .arrow .next {
        position: absolute;
        top: 50%;
        right: 0;
        margin-top: -50px;
    }
```

完成代码编写后，打开浏览器，运行 index.html 文件，Banner 默认状态如图 5-13 所示，当鼠标指针经过焦点图时的效果如图 5-14 所示。

图 5-13　Banner 默认状态

图 5-14 当鼠标指针经过焦点图时的效果

【技能训练 5-4】制作人物速递模块

【目标要求】通过训练，完成“榜样的力量”网站首页人物速递模块的制作。

【实践步骤】

1. 分析效果图

人物速递模块位于内容部分的左上角，通过观察图 5-15，不难看到在默认状态下，该模块由一个标题和 3 张图片组成。图片部分可以采用列表标签，使用弹性布局方式，考虑到页面的美观性，将列表中的子项宽和高分别设为 200px，右边距设为 10px，图片以背景图片的方式引入，隐藏溢出部分。

图 5-15 人物速递模块总体分析图

通过绝对定位方式调整文字块的显示，在默认状态下设置 top 属性值为-200px，此时子项 hgroup 在父项 li 的上方溢出，故不显示。而当鼠标指针经过时，通过设置 top 属性值为 0、left 属性值为 0，此时文字块与原本的 li 子项重合，形成半透明的文字效果，如图 5-16 所示。

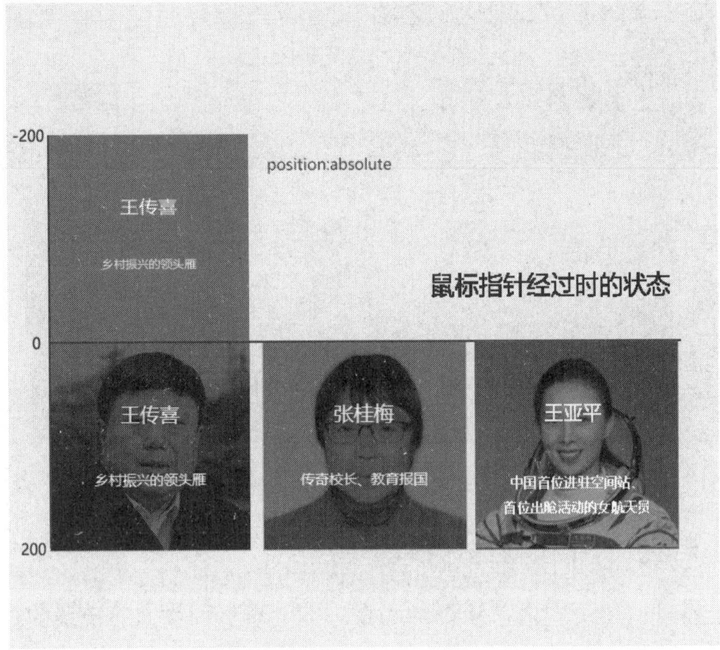

图 5-16　鼠标指针经过时的人物速递模块状态

2. 准备素材

在这个模块中，主要需要准备几张榜样人物的图片，将其放置在站点下的 images 文件夹内。

3. 搭建结构

在 index.html 文件内书写人物速递模块的 HTML 结构代码，具体代码如下：

```
<div id="content">
        <div id="mainContent">
            <section>
                <div class="new">
                    <h2>人物速递</h2>
                    <ul>
                        <li>
                            <hgroup>
                                <h2>王传喜</h2>
                                <h2>乡村振兴的领头雁</h2>
                            </hgroup>
                        </li>
                        <li>
                            <hgroup>
                                <h2>张桂梅</h2>
                                <h2>传奇校长、教育报国</h2>
                            </hgroup>
                        </li>
                        <li>
```

```
                            <hgroup>
                                <h2>王亚平</h2>
                                <h2>中国首位进驻空间站、<br/>首位出舱活动
的女航天员</h2>
                            </hgroup>
                        </li>
                    </ul>
                </div>
            </section>
    <section>文章部分</section>
        </div>
        <aside></aside>
    </div>
```

4. 控制样式

继续编写 CSS 样式，具体代码如下：

```
/*------------------------------
主体内容
------------------------------*/
#content{
    display: flex;
    padding: 10px 0;
}
#mainContent {
    width: 620px;
    padding-right: 22px;
}
/* 人物速递 */
.new {
    width: 100%;
    height: 230px;
    /*background: #fff;*/
    box-sizing: border-box;
    margin-bottom: 60px;
}
.new ul {
    width: 660px;
    display: flex;
}
.new ul li {
    width: 200px;
    height: 200px;
    border: 1px solid #ccc;
```

```
        background: url(../images/pic1.jpg) 0 0 no-repeat;
        margin-right: 10px;
        position: relative;
        overflow: hidden;
    }
    .new ul li:nth-child(2) {
        background-image: url(../images/pic2.jpg);
    }
    .new ul li:nth-child(3) {
        margin-right: 0;
        background-image: url(../images/pic3.jpg);
    }
    .new ul li hgroup {
        position: absolute;
        left: 0;
        top: -200px;
        width: 200px;
        height: 200px;
        background: rgba(0, 0, 0, 0.5);
        transition: all 0.5s ease-in 0s;
    }
    .new ul li:hover hgroup {
        position: absolute;
        left: 0;
        top: 0;
    }
    .new ul li hgroup h2:nth-child(1) {
        font-size: 20px;
        text-align: center;
        color: #fff;
        font-weight: normal;
        margin-top: 25px;
    }
    .new ul li hgroup h2:nth-child(2) {
        font-size: 14px;
        text-align: center;
        color: #fff;
        font-weight: normal;
        margin-top: -15px;
        line-height: 24px;
    }
```

完成代码编写后，打开浏览器，运行 index.html 文件，人物速递模块效果如图 5-17 所示。

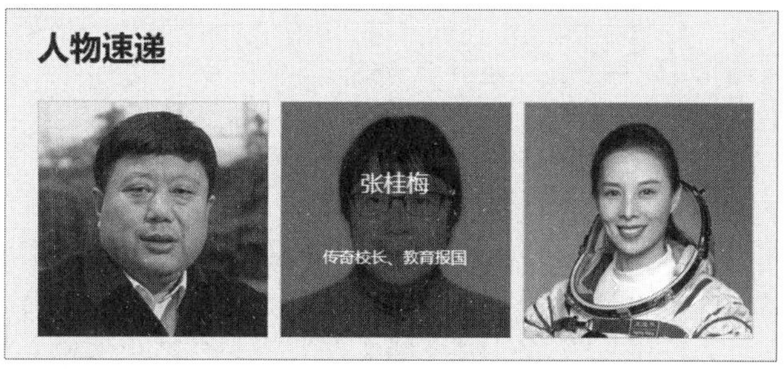

图 5-17 人物速递模块效果

【技能训练 5-5】制作文章模块

【目标要求】 通过训练，完成“榜样的力量”网站首页文章模块的制作。

【实践步骤】

1. 分析效果图

从文章模块分析图中不难看出，文章模块主要分为 3 个部分：标题、副标题、文章内容，如图 5-18 所示。其中，文章内容包含一个视频和一篇文章，文章以两列的形式显示。

图 5-18 文章模块分析图

2. 准备素材

在这个模块中，主要需要准备一个视频和一篇文章，将视频放置在站点下的 video 文件夹内。

3. 搭建结构

在 index.html 文件内书写文章模块的 HTML 结构代码，具体代码如下：

```
<section>
    <article class="blogPost">
        <header>
            <h2>榜样的力量</h2>
        </header>
        <p class="abstract_title">坐看云起时---发表于 2023 年 10 月 17 日</p>
        <div class="paper">
            <video    src="video/bangyang.mp4"    controls="controls" autoplay="autoplay"></video>
        <p>榜样的力量是无穷的。榜样人物就像一根擎天大柱，支撑起人们的思维空间，展现一个民族沉厚的内在品质和孜孜不倦的奋发追求，它给了一代代人拼搏进取的动力。</p>
        <p>被称为“菌草之父”的林占熺教授，他用“以草代木”的方式解决菌业生产的“菌林矛盾”，开辟了菌草科学研究与应用新领域，创建了菌草食药用菌和菌草生态治理技术体系。在他夜以继日的研究下，这些菌草的价值已经不单单在于帮助农民脱贫致富，而是要成为生态治理的重要角色，让沙漠变成广袤的绿洲。尽管即将步入耄耋之年，但是为了实现这个目标，他依然奔波忙碌，每天工作十多个小时。林占熺教授如磐石般坚定的信念深深感染着我，他一次次地尝试、思考、推翻与坚持，只为我们的社会能够更加美好。</p>
        <p>新时代的青春，在科技创新中闪光。青年科技工作者以“初生牛犊不怕虎”的勇气，不断在科技领域攀登、突破。在北京 2022 年冬奥会筹备工作队伍里，有不少青年科技工作者的身影，获选“2020 学生年度人物”的杨宸灏就是其中之一。2019 年，杨宸灏参与研发的“三维无线测力冰刀-鞋系统”应用在速滑运动员脚下的冰刀上，可以在不干扰运动员技术动作的情况下，实现对蹬冰力大小、方向的精确测量。“对教练提出来的数据要求和仪器需求，我们能尽快研发出来，是对冬奥会最直接的贡献。”杨宸灏说。“科技创新是通往体育强国的基石。”杨宸灏表示，敢于与世界前沿科学技术博弈，坚定走科技创新之路，是新时代青年科技工作者的使命。</p>
        <p>“铁人”王进喜，用一生兑现“宁肯少活二十年，拼命也要拿下大油田”的誓言；伟大的中国共产主义战士雷锋，用青春写就“把有限的生命投入无限的为人民服务之中去”的华章；60 多年深藏功名、一心奉献的老英雄张富清，在革命战争年代冲锋陷阵、不怕牺牲，在祖国建设时期坚决服从组织安排，扎根偏远落后的贫困山区，用持之以恒的坚守，践行一名共产党员“随时准备为党和人民牺牲一切”的誓言。这充分表明，有了精神追求的高度，才有人生奋斗的强大动力。把英雄模范当作标杆，自觉强固理想信念、砥砺初心使命，就能在追求崇高中收获更有意义、更有价值的精彩人生。</p>
        <p>榜样是一种力量、一面旗帜、一种精神，一个个生动的例子让人奋进。榜样把人生的意义变成鲜活的形象，让远大理想、优良品格、高尚人格在自己的实际行动中生动展现。英雄模范并非高不可攀，从平凡走向伟大的路就在脚下。自觉见贤思齐、学习榜样、坚守信仰、勇于担当，培养甘为人民 “孺子牛”的精神，弘扬忠诚、执着、朴实的品格，人人都能在追梦征程上为社会进步做出贡献。</p>
        </div>
    </article>
</section>
```

4．控制样式

继续编写 CSS 样式，具体代码如下：

```
/*-------------------------------
文章内容
-------------------------------*/
.blogPost .abstract_title{
    font-size: 14px;
    font-style: italic;
```

```
        color: #777;
    }
    .blogPost div {
        /* column-count 把 div 文档划分为几列 */
        column-count: 2;
        -moz-column-count: 2;
        -webkit-column-count: 2;
        /* column-gap 属性用来设置元素列之间的间隔（gutter）大小 */
        column-gap: 22px;
        -moz-column-gap: 22px;
        -webkit-column-gap: 22px;
        clear: both;
    }
    .blogPost div p{
        text-indent: 2em;
    }
    .blogPost video{
        width: 284px;
        height: 209px;
        margin:  0;
    }
```

完成代码编写后，打开浏览器，运行 index.html 文件，文章模块运行效果如图 5-19 所示。

榜样的力量

坐看云起时---发表于2023年10月17日

榜样的力量是无穷的。榜样人物就像一根擎天大柱，支撑起人们的思维空间，展现一个民族沉厚的 内在品质和孜孜不倦的奋发追求，它给了一代代人拼搏进取的动力。

被称为“菌草之父”的林占熺教授，他用“以草代木”的方式解决菌业生产的“菌林矛盾”，开辟了菌草 科学研究与应用新领域，创建了菌草食药用菌和菌草生态治理技术体系。在他夜以继日的研究下，这些 菌草的价值已经不单单在于帮助农民脱贫致富，而是要成为生态治理的重要角色，让沙漠变成广袤的绿 洲。尽管即将步入耄耋之年，但是为了实现这个目标，他依然奔波忙碌，每天工作十多个小时。林占熺 教授如磐石般坚定的信念深深感染着我，他一次次地尝试、思考、推翻与坚持，只为我们的社会能够更 加美好。

新时代的青春，在科技创新中闪光。青年科技工作者以“初生牛犊不怕虎”的勇气，不断在科技领域 攀登、突破。在北京2022年冬奥会筹备工作队伍里，有不少青年科技工作者的身影，获选“2020上海大 学生年度人物”的杨宸灏就是其中之一。2019年，杨宸灏参与研发的“三维无线测力冰刀-鞋系统”应用 在速滑运动员脚下的冰刀上，可以在不干扰运动员技术动作的情况下，实现对蹬冰力大小、方向的精 确测量。“对教练提出来的数据要求和仪器需求，我们能尽快研发出来，是对冬奥会最直接的贡献。”杨宸灏说。“科技创新是通往体育强国的基石。”杨宸灏表示，敢于与世界前沿科学技术博弈，坚定走 科技创新之路，是新时代青年科技工作者的使命。

“铁人”王进喜，用一生兑现“宁肯少活二十年，拼命也要拿下大油田”的誓言；伟大的中国共产主义 战士雷锋，用青春写就“把有限的生命投入无限的为人民服务之中去”的华章；60多年深藏功名、一心奉 献的老英雄张富清，在革命战争年代冲锋陷阵、不怕牺牲，在祖国建设时期坚决服从组织安排，扎根偏 远落后的贫困山区，用持之以恒的坚守，践行一名共产党员“随时准备为党和人民牺牲一切”的誓言。这 充分表明，有了精神追求的高度，才有人生奋斗的强大动力。把英雄模范当作标杆，自觉强固理想信念、 砥砺初心使命，就能在追求崇高中收获更有意义、更有价值的精彩人生。

榜样是一种力量、一面旗帜、一种精神，一个个生动的例子让人奋进。榜样把人生的意义变成鲜活的 形象，让远大理想、优良品格、高尚人格在自己的实际行动中生动展现。英雄模范并非高不可攀，从平凡 走向伟大的路就在脚下。自觉见贤思齐、学习榜样、坚守信仰、勇于担当，培养甘为人民 “孺子牛”的精 神，弘扬忠诚、执着、朴实的品格，人人都能在追梦征程上为社会进步做出贡献。

图 5-19 文章模块运行效果

【技能训练 5-6】制作用户登录模块

【目标要求】通过训练，完成“榜样的力量”网站首页用户登录模块的制作。

【实践步骤】

1.分析效果图

从用户登录模块分析图中不难看出，用户登录模块主要分成两部分：标题和表单，如图 5-20 所示。其中，标题部分由分隔符和标题文字组成，而表单部分由文本框和按钮组成。表单使用了圆角边框的形式进行显示，文本框和按钮都进行了样式设置。

图 5-20　用户登录模块分析图

2. 搭建结构

在 index.html 文件内书写用户登录模块的 HTML 结构代码，具体代码如下：

```
    <section>
        <header class="active_title">
            <div class="spe"></div>
            <div class="title">请登录</div>
        </header>
            <div class="login">
                <form action="#" method="post">
                    <p>
                        <span>账号：</span>
                        <input   type="text"   name="username"   value="admin"
class="num"     pattern="^[a-zA-Z][a-zA-Z0-9_]{4,15}$" />
                    </p>
                    <p>
                        <span>密码：</span>
                        <input   type="password"   name="pwd"   class="pass"
pattern="^[a-zA-Z]\w{5,17}$" />
                    </p>
                    <p>
                        <input type="button" class="btn01" value="登录" />
                        <input type="button" class="btn02" value="注册" />
                    </p>
```

```
            </form>
        </div>
    </section>
```

在上述代码中，表单部分的账号、密码均使用正则表达式进行验证。

3. 控制样式

继续编写 CSS 样式，具体代码如下：

```
aside section {
    margin: 22px 0 0 18px;
    padding: 11px 20px;
    /*background: url("../images/sidebar_section_background.png") repeat-x;*/
}
.active_title{
    display: flex;
    align-items: center;
}
.spe{
    width:5px;
    height: 20px;
    background-color: #c11136;
}
.title{
    margin-left: 5px;
    font-size: 18px;
    font-weight: bold;
}
.login{
    width:280px;
    height:150px;
    margin:10px auto;                 /*使表单在浏览器中居中*/
    background:#fff;                  /*为表单添加背景颜色*/
    border-radius:10px;               /*设置圆角边框*/
    border:2px solid #ccc;
    text-align: center;
}
.login p:first-child{
 margin-top:25px;
}
```

```
    .login p span{
     width:50px;
     display:inline-block;
     text-align:right;
    }
    .num,.pass{                               /*对文本框设置共同的宽、高、边框、内边距*/
     width:152px;
     height:20px;
     border:1px solid #38a1bf;
       padding-left:10px;
    }

    .btn01,.btn02{
        width:60px;
        height:25px;
        border-radius:3px;                    /*设置圆角边框*/
        border:1px solid #6b5d50;
        margin-left:30px;
        }
    .btn01{ background:#3bb7ea;}              /*设置第一个按钮的背景颜色*/
    .btn02{ background:#fb8c16;}
```

完成代码编写后，打开浏览器，运行 index.html 文件，用户登录模块运行效果如图 5-21 所示。

图 5-21　用户登录模块运行效果

【技能训练 5-7】制作友情链接模块

【目标要求】通过训练，完成“榜样的力量”网站首页友情链接模块的制作。

【实践步骤】

1. 分析效果图

从友情链接模块分析图中不难看出，友情链接模块主要分成两部分：标题和链接图，如图 5-22 所示。其中，标题部分由分隔符和标题文字组成，而链接图部分由图标图片和文字组

成。在图标图片上设置链接属性，通过背景属性设置图标内容。

图 5-22　友情链接模块分析图

2. 准备素材

在这个模块中，主要需要准备链接图中的图标图片（100px×100px），将图标图片放置在站点 images 文件夹中的 aside 文件夹内。

3. 搭建结构

在 index.html 文件内书写友情链接模块的 HTML 结构代码，具体代码如下：

```
    <section>
        <header class="active_title">
            <div class="spe"></div>
            <div class="title">友情链接</div>
        </header>
        <div class="chart">
            <div class="chart-item">
              <a        class="item_img1"        href="http://www.ne**.cn/"
target="_blank"></a>
                        <div class="item_text">新华网</div>
            </div>
            <div class="chart-item">
                        <a class="item_img2" href="http://www.peop**.com.cn/"
```

```
target="_blank"></a>
                        <div class="item_text">人民网</div>
            </div>
            <div class="chart-item">
                        <a    class="item_img3"    href="https://www.g**.cn/"
target="_blank"></a>
                        <div class="item_text">光明网</div>
            </div>
            <div class="chart-item">
                        <a                              class="item_img4"
href="https://www.china**ws.com.cn/" target="_blank"></a>
                        <div class="item_text">中新网</div>
            </div>
            <div class="chart-item">
                        <a   class="item_img5"   href="https://www.cc**.com/"
target="_blank"></a>
                        <div class="item_text">央视网</div>
            </div>
            <div class="chart-item">
                        <a  class="item_img6"  href="http://www.qstheo**.cn/"
target="_blank"></a>
                        <div class="item_text">求是网</div>
            </div>
        </div>
    </section>
```

4. 控制样式

继续编写 CSS 样式，具体代码如下：

```
    .chart{
            margin: 10px 0 5px;
            display: flex;
            justify-content: space-around;
            flex-wrap: wrap;
        }
    .chart_item{
          flex: 1;

    }
    .item_img1{
        display: block;
        width: 100px;
        height: 100px;
        border-radius:10px ;
```

```
        background: url(../images/aside/01news.png);
    }
    .item_img2{
        display: block;
        width: 100px;
        height: 100px;
        border-radius:10px ;
        background: url(../images/aside/02renmin.png);
    }
    .item_img3{
        display: block;
        width: 100px;
        height: 100px;
        border-radius:10px ;
        background: url(../images/aside/03guangming.png);
    }
    .item_img4{
        display: block;
        width: 100px;
        height: 100px;
        border-radius:10px ;
        background: url(../images/aside/04zhongxin.png);
    }
    .item_img5{
        display: block;
        width: 100px;
        height: 100px;
        border-radius:10px ;
        background: url(../images/aside/05yangshi.png);
    }
    .item_img6{
        display: block;
        width: 100px;
        height: 100px;
        border-radius:10px ;
        background: url(../images/aside/06qiushi.png);
    }
    .item_text{
        font-size: 14px;
        text-align: center;
        margin: 10px;
    }
```

完成代码编写后，打开浏览器，运行 index.html 文件，友情链接模块运行效果如图 5-23

所示。

图 5-23　友情链接模块运行效果

【技能训练 5-8】制作版权信息模块

【目标要求】通过训练，完成“榜样的力量”网站首页版权信息模块的制作。

【实践步骤】

1. 分析效果图

从版权信息分析图中不难看出，脚注的版权信息全屏显示，文字内容居中显示，主要展示了网站的制作者等相关信息，如图 5-24 所示。其布局模式和导航部分的类似。

Web前端开发基础教师组
Copyright2022

图 5-24　版权信息分析图

2. 搭建结构

在 index.html 文件内书写版权信息模块的 HTML 结构代码，具体代码如下：

```
<!-- 脚注部分 -->
    <footer class="copyright">
        <p>Web 前端开发基础教师组<br/>Copyright 2022</p>
    </footer>
```

3. 控制样式

继续编写 CSS 样式，具体代码如下：

```
footer {
    position: absolute;
```

```
        left: 0;
        width: 100%;
        background: #E3E3E3;
        color: #222;
        text-align: center;
        padding: 20px 0;
        height: 50px;
    }
```

整合所有资源数据，最终网站首页的运行效果如图 5-25 所示。

图 5-25　最终网站首页的运行效果

反侵权盗版声明